杂木庭院
百科

日本靓丽社
/编
高　昕/译

中国轻工业出版社

目　录

尽管用"杂木庭院"这个词来概括，但实际上杂木也有许多种类，且各具特色、种植方法也不尽相同。这一部分将利用丰富的植物种植实例和布置图进行说明。

种有杂木的天然前庭全景。树木从左到右依次为：石楠、棣棠、木斛、具柄冬青、石楠、伊吕波红叶等。停车处的植物为向日葵。

种有杂木的天然前庭

透视图

| 施工面积：约165m² |
| 施工期限：约21天 |

针谷先生的家是一座色彩明朗的西式住宅。针谷先生将玄关的设计委托给我们，并提出了三点要求：①不使用混凝土；②以花草树木为基调，呈现出具有开放感的玄关设计；③保证两个停车位的空间。

基于针谷先生的要求，我们构思的主题为："伴森之声，自然生活"。同时，为了营造出大自然的氛围，设计中还采用了大量的绿植。

为了让玄关处的空间更具延展性，在树木的选用上多以杂木为主。此外，按照屋主的要求，在玄关左右两侧各空出了一处停车位的空间。

地面采用石子铺设，不设接缝，营造出自然的氛围。因为选用了是自然石，所以将来重建时也能再利用。因为前庭朝北，所以步道铺设了颜色明亮的自然石。

这样，一处随着时间的流逝，能够感受到外部空间变化的设计就完成了。

由于是北侧玄关，所以门前的步道采用了浅色自然石。

弧形的隔断墙。墙面粗糙的质感处理让人觉得柔和温暖。矮植为圆柏。

平面图（含植物栽种配置图）

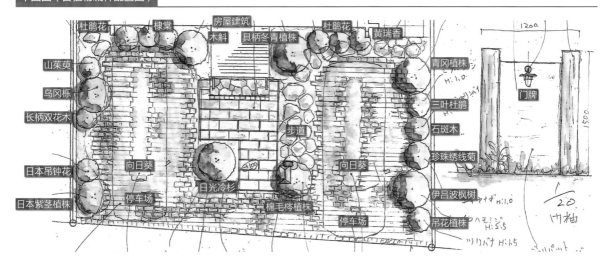

杜鹃花　棣棠　房屋建筑　木斛　具柄冬青植株　杜鹃花　黄瑞香

山茱萸　乌冈栎　长柄双花木　日本吊钟花　日本紫茎植株　向日葵　停车场　日光冷杉　步道　棉毛梣植株　停车场　向日葵

青冈植株　三叶杜鹃　石斑木　珍珠绣线菊　伊吕波枫树　吊花植株

门牌

隔断墙的两侧使用了垫木，门灯和门牌都采用了原创的铸铁设计。

地面的石板没有设计接缝，整体视觉效果更加自然。

停车场视角下的步道。图中左边的树木为棉毛梣植株，树下草棣棠、鸢尾、桧叶金发藓等。

大门。中央的树是四照花，右侧是小羽团扇枫。

用树木做自然遮挡。

植物名称

四照花

白蜡树

小羽团扇枫

木贼草

不论是从正面还是侧面看都显得沉稳大气。

沉稳大气的门庭和强延展性的庭院

施工面积：约66m²
施工期限：约25天

　　这是一栋坐落在转角处的住宅，屋主为H先生。该房屋的布局比较特殊，地基与道路的高度差高达2.5m。屋主H先生希望能呈现出一处"日式与西式完美融合的庭院"。

　　于是我们对门庭的形状进行了特别处理，令其不论是从正面还是侧面看都显得沉稳大气。在树木的选择上，我们选用了四照花、白蜡树，同时选用木贼草、野茼蒿、匍匐筋骨草等矮植，为素朴的门庭增添了别样色彩。

　　在庭院设计上，我们以"强延展性的庭院"为主题进行设计规划。

　　除了已有的草植，日式庭院内还会种植红叶、长柄双花木等树木，以及野蔷薇、日本千屈菜等矮植，用以营造日式氛围。

　　西式庭院则选用木制门廊和草坪。门廊边种着加拿大唐棣用于遮阳。同时，门廊下方也用野蔷薇、山桃草等矮植进行了遮挡。立水栓也选择了华丽的西式风格。

　　施工完成后，一座日式与西式风格混搭的庭院便完成了。

树木依次为槭树、杜鹃花、少花蜡瓣花等。

植物名称

山杜鹃　　千屈菜

吊钟花

少花蜡瓣花

树下草为绿苔等。

和式庭院

树木为槭树、杜鹃花、少花蜡瓣花等。

将大谷石用于庭院中的延段铺设。

H先生设计的水钵。

和式庭院视角下的西式庭院。

植物名称

小叶青冈　四照花

连翘　圣诞玫瑰

西式庭院

起居室前的木平台，两端种植的是加拿大唐棣，可用来遮阴。

西式庭院中的木平台和草坪。加拿大唐棣植株树下种植的是山桃草。

1
立式水龙头也是西式庭院中很受欢迎的装置。

2
木平台下也种有野蔷薇、百子莲等地被植物。

3
图中粉色的花是雏菊。

治愈人心的品茶时间。

为了从客厅往外的观感更佳，选择将自然石切割后呈现出别样的庭院主题。

本图是从阳台处的眺望图。草坪的柔缓线条和杂木的葱绿映照在白色花岗岩上，花园品质高雅。

秋景

打开门后鲜活的绿色便映入眼帘。

植物名称
冬青　鸡爪槭　红花荷　金缕梅

植物名称
白檀　具柄冬青　冬青　秋明菊

施工面积：约495m²
施工期限：约100天

石头与杂木装点出的精致花园

在住宅A的范例中，由于需要同时进行房屋重建和庭院修复工程，我们一边重新整合已有的庭院和新的建筑，一边建造了群落生境花园（动植物生活的庭院）。

在庭院先前的设计中，采用了圆形与螺旋状的地面分割设计。因此，为了不违背之前的理念，我们在设计上下了一番功夫，建造了一处浅池。这处浅池便是圆形溪流与螺旋状溪流的汇聚地，其中的螺旋状溪流则是源自原石缝隙中涌出的地下水。为了实现庭院与住宅的融合，我们用大大小小的石桥，把建筑物和庭院连接起来。

在南侧，有原石切割制成的石塑（螺旋状的空心石塑），泉水从中涌出，呈螺旋状（半径会随着旋转以一定的比率增加的对数螺旋）流动。供水设计做成了流入阳台墙面的感觉，给人一种螺旋水流经过建筑物下方的印象。整个庭院当中，岩石的地面分布、整体庭院结构与杂木疏林的相辅相成，再加上随着岁月的流逝，动植物生活所栖息的小天地，这一切的设计与改造目的只有一个，就是让置身其中的人们感受到庭院中的四季变化。

庭院内白色花岗岩材质的石桥，是将庭院门与房屋连接起来的
步道。

点缀在草坪与宿根草中的白色花岗岩石。

植物名称

金缕梅
连香树
荚蒾
青冈
粉花绣线菊
小叶团扇枫

初夏风景

北侧入口处。玄关处陈设着一只质感很不错的装饰坛。

步道处的景色。

与原有的房屋户外景观相呼应，采用切割后粗糙质感的花岗岩壁与镂空砖相映成趣的入口（北侧）。

搭建于水流之上的白色花岗岩石桥，是通往玄关处的步道。

房屋周围环绕的大面积露台。

植物名称

青冈

具柄冬青

冬青

具柄冬青

连香树

红花荷

光蜡树

具柄冬青

庭院全景。为了更好凸显植物，将石墙高度降低，并涂上黑漆。图中树木从左到右依次是：红柳木、山杜鹃、枹栎、伊吕波枫树，树下草是三色堇、玉龙草等。

植物名称
山杜鹃
红柳木
枹栎
伊吕波枫
三色堇
玉龙草

朝北的庭院也能光线充足

　　屋主A先生希望改造朝北的庭院，并想要打造出一座"开放感强、光线充足、配有木平台的庭院"。

　　因此，为了保证这座朝北的庭院光线充足，我们拟定了这样一份计划。

　　我们将这座东北方向的日式庭院原本的围墙高度降低，涂上黑漆，从而更好地衬托出植物。这样，围墙不会与石群"抢镜"，树木与树下草会更加突出。最后，堆石与植物之间的平衡让整个氛围都沉静下来。

　　贴有瓷砖的露台与杉木材质的甲板相呼应，让人觉得和缓而舒服。整个庭院的标志树，是四季常青的日本花柏。选择日本花柏是因为枝叶之间空隙较大，让人看着就觉得阳光和微风在其间穿透而过。

　　在木平台周围，我们在向阳的地方种植了鲜花，在只有半天日照的地方，种植了可以开花的树下草，用星星点点的花朵颜色与沙砾给地面添加一丝明亮色彩。

　　改造之后，这便是一座方便打理植物的庭院了。

图中树木是相当显眼的日本花柏、贯叶泽兰、矾根，树下草为蕨类、三色堇等。

通过弱化围墙与砌石，更加突出树木与树下草。

植物从左到右依次是：瞿麦、南欧派利吞草、紫罗兰、蝴蝶戏珠花等。

植物从左向右依次是：三色堇、贯叶泽兰、矾根、卷耳、天竺葵等。

木平台周围向阳的地方种植了鲜花，在只有半天日照的地方种植了可以开花的树下草。

施工面积：约49.5m²
施工期限：15天

用竹穗篱笆围着的蹲踞四周。

置于蹲踞当中的水琴窟。用来自地底的声音治愈心灵。

水琴窟，抚慰人心的日式庭院

　　I先生是日本里千家茶道的一位茶师。由于平日里来客众多，所以我们为他设置了庭院小门和露天凳等候区。同时，为了让水琴窟的声音成为整个庭院的点睛之笔，我们还设计添加了矮型蹲踞。

　　庭院中的陈设都是纯手工打造，凝结着制作者的诚意与为主人着想的细节，处处体现着工匠精神。也正因如此，每一处陈设都与庭院氛围完美契合。

　　庭院采用了大量绿苔覆盖整个地面，周围则选用了竹围墙装饰。庭院中的所有植物都选择了简单的剪枝杂木，置身其中便可感受到微风在枝丫间穿过，好不自在。同时，庭院中所有的绿苔与石头都通过洒水来养护，整个庭院景色又别致了许多。

施工面积：约198m²
施工期限：约50天

庭院外部的方格
篱笆。

等候区内部。

庭院小门与露天凳等候区。等候区采用开
放式。

庭院步道所采用的拼接花岗岩与桂离宫
的设计比例相同（庭院石道）。

植物名称

青冈
马醉木
富贵草
鸡爪槭
木贼草

鸡爪槭
马醉木
马醉木
木贼草

植物名称

琉球木荷
日本紫茎
鸡爪槭
马醉木
日本紫茎
马醉木

日式庭院全景。图片左侧的灯笼为织部石灯笼。

- 潜门
  穿堂入室的小门。
- 露天凳等候区
  设置在露天的休息场所。
- 水琴窟
  设在手水钵旁边，而手水钵往往在茶室的入口
  处，供进行茶道仪式的客人洗手用。客人在
  洗手的同时，也会听见从地下传来令人愉悦的
  声音。

隐没在都市中的杂木庭院

庭院门口。花坛线条采用了开放性很强的弧形，门扇也是音符的形状，童趣满满。

从门扇到玄关，走在步道中就像穿过树林。

植物名称

七五三枫树

日本紫茎

西洋石楠

紫薇树（植株）

大果山胡椒

该住宅位于日本东京都下区，屋主人为T先生。由于该花园地势并不平坦，我们制定了特别方案，可以保证从各个角度观赏到庭院内的美景。

主人一家都十分喜欢音乐，所以门扇选用了原创设计的音符形状。为了能够从小树林中穿过，在门扇到玄关的这段距离采用步道做衔接。同时为了在庭院中感受到微风，我们在植物的栽种和围墙的选择中也花费了很多心思。

由于户主十分喜爱音乐，所以在庭院的左侧、正中央和门牌处都加入了音符元素。

施工面积：约561m²
施工期限：约90日
预计费用：约400万日元

图为从住宅处看到的步道周围景色。为了更好地欣赏花草，步道两旁特意未设花坛，而是在脚下花费了一番心思。

铁冬青
鸡爪槭
日本鹅耳枥
马醉木
日本吊钟花

采用了不同材质的材料，赋予整个步道不一样的感觉。在很细微的地方花些心思，小小的改变就能成为一处有趣的设计。

该房间外面就是木平台，满目都是迷人的绿色。

正在装设中的竹围墙。原创设计，采用人工竹材质。上部分起到遮蔽功能，下部分镂空，底部种有树下草。

日本鹅耳枥
罗汉松
杨梅
山月桂

山茱萸
鸡爪槭
日本鹅耳枥
沙罗
马醉木
四照花

人工竹。

日本鹅耳枥
铁冬青
四照花
鸡爪槭
山月桂

引水管是原创设计，水盆也是手工制造。尽管是一座日式庭院，但设计细节中却透出一种现代感。

庭院白天全景。和玄关前的景色完全不同，这是一座充满自然气息的花园。图中植物从左向右依次是：四照花、具柄冬青、庭樱、加拿大唐棣。

透视图　制作：唯一花园（One Garden）东海户外景观（有限公司）

在客厅前的露台上品茶、户外烧烤，都很有趣。

满园皆是木材的温润高品位户外景观

此次案例为房屋占地面积较大的Y先生家。为了不破坏原本简洁大气的房屋户外景观，更加突出庭院入口处环境的品质感，我们在设计时很注重房屋整体的户外景观配置、车棚（有棚停车场）与整个房屋正面的高度平衡。

没有花哨的装饰，也能通过其他方法打造高端有品质的房屋户外景观。例如，白天呈现出来的与原本房屋设计高度协调的风格，夜晚通过百叶窗与不同的灯光效果，来达到最初的预期。

与玄关前的风格迥然不同的是，整个花园都洋溢着大自然的清新感。四季常青的草木、应季的鲜花等，处处都能感受到四季的变迁。

客厅前的露台是品茶、户外烧烤的绝佳去处。一边享用美食，一边感受整个花园中大自然的氛围，不失为一件惬意之事。

随着草木的茁壮成长，整个花园中的绿意会愈发葱郁。

设计团队相当注意房屋的户外景观配置、有棚停车场及整个房屋的高度协调。

透视图

房屋正面图。与原有房屋相当搭配、十分有格调的庭院入口处。

和式房间前的中庭。

高丽芝草坪。

平面图（含植物栽种配置图）

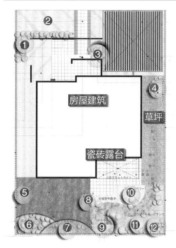

房屋建筑

草坪

瓷砖露台

① 腺齿越橘
② 杜鹃花
③ 日本紫茎
④ 南天竹
⑤ 星花木兰
⑥ 棉毛梣
⑦ 水榆花楸
⑧ 紫丁香
⑨ 水榆花楸
⑩ 加拿大唐棣
⑪ 具柄冬青
⑫ 四照花

庭院视角下的起居室图。

施工面积：约181.5m²
施工期限：约25日

夜晚灯光亮起时，百叶窗又是别样的感觉。

透视图

在叶子已经变红的羽扇槭下种着玉龙草。

伊吕波红叶

加拿大唐棣

细叶南天竹

茶树

黑龙草

日本紫珠

施工面积：约33m²
施工期限：约10日

庭院中可以看到原有的石头、后期的拼接石板、地上的绿苔。

开放式前庭与惬意庭院

庭院主人为从事茶道的N先生，他希望能有一座可以"一边品茶一边赏美景的庭院"。

正式施工前，为了凸显植物的生命力，我们重新调整了院子里原有的石块。考虑到适当的遮挡效果和光线的情况，我们保留了原本院子中的老树，没有进行位置变动。而新栽种的树木则是根据原有树木的位置调整，尽最大努力让呈现出的效果更加自然。

在正式动工前，我们采用了石块、拼接石板、绿苔等元素，让四季"先一步"来到庭院中，这些都是单纯使用人工材料所无法达到的效果。在这处庭院中，可以一边品茶，一边赏花，感受大自然的多种气息。

冬青和绣球花的植株。树下草丛从左向右依次是：匍匐筋骨草、紫罗兰、绣球花和荚果蕨。

幽静的花园小径。

玄关处。树木从从左向右依次是：伊吕波枫树、娑罗树、羽扇槭等。

娑罗树植株。

树下草为星星草、荚果蕨、合花楸等。

树下草丛从左向右为紫罗兰和落新妇。

植物名称

黑松
梅树
山杜鹃
石楠花
合花楸
匍匐筋骨草
荚果蕨
茶树

- **拼接石**
  石头的表面几乎是正方形的，常用于砌筑。

天然石与杂木和绿苔的完美组合。

施工不久后的冬日玄关。

植物名称

日本紫茎　禾叶土麦冬

淫羊藿

伊吕波枫树

加拿大唐棣　弗吉尼亚鼠刺

红盖鳞毛蕨

紫罗兰

施工几个月后的夏日玄关。隔断墙使用了两种颜色的材料，极富个性。

玲珑小巧却极富自然气息的庭院

　　S先生的家在一处高于地面1米左右的高地上。这块地方道路的倾斜度也很大。S先生对于庭院设计有三点要求：富有个性；有两处停车位；木平台选材要用天然木材。

　　由于S先生家的道路倾斜度较大，所以我们准备主要从感官上削弱整体的倾斜感。

　　在隔断墙的选材上，我们使用了两种颜色的材料，

十分有个性。在整体氛围的把控上，我们没有刻意强调自然的感觉，而是通过各种细小的设计点，让住户一点点感受到四季与整个庭院融为一体。

　　关于通往房屋内部的步道设计，为了让主人在回家时能够卸下一身疲惫，我们加宽了步道，营造出穿行在丛林中的氛围。

为了让主人回家时放松身心，我们扩大了步道的面积。树木从左向右依次是：日本紫茎、富士樱、具柄冬青、伊吕波枫树等。

树下草从左向右依次是：天竺葵、假升麻、紫罗兰、荷青花、无花果类等。

树木从左向右依次是：伊吕波枫树、紫阳花、枰木等。

1 客厅前的纯天然木制平台（杉木疏伐材）。
2 醒目的红色立水栓。紫色植物为墨西哥鼠尾草。
3 庭院角落安装了立水栓。

植物名称

红柳木　娑罗树　日本紫茎

石楠花

天然石材与精加工工艺相结合。树木从左向右依次是：枋木、吊花、娑罗树。

树下草丛从左向右依次是：蕨类、天竺葵、粉花绣线菊等。

施工面积：约66m²
施工期限：约30日

天然石材的花架也可作为长凳。

25

植物名称

伊吕波枫树

榉树

长柄双花木

野茉莉

施工面积：约135.3m²
施工期限：约20日
预计费用：约300万日元

房屋户外景观全景。庭院入口处采用利落的设计风格，通过延长步道来增加空间的延展性。

图为位于房屋南侧的木制平台。考虑到主人在室内的隐私，我们在与隔壁之间的围墙上花了很多工夫，高度和位置都做了诸多调整。

这株榉树高约5米，起到引出玄关处的棕色柚木的作用。

石块垒成的围墙缝隙中种满了各种各样的植物。就算是看起来生硬冰冷石块墙，有绿植加入其中时，也会呈现出一种温柔自然的感觉。

平面图

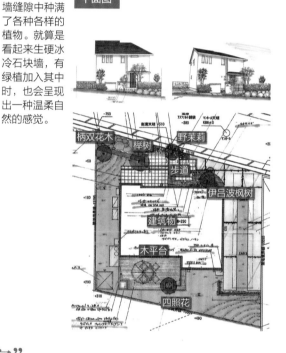

与大自然融为一体的"榉树之家"

U先生的家在一处自然风景区中。房屋北部是一条马路。U先生的要求有两点：希望庭院中多些绿色，更接近大自然；在房屋南边增加木制平台。

基于U先生的要求，我们决定采用简洁明朗的设计风格。由于U夫人格外喜欢植物，我们在增加了植物种植量的同时，在庭院入口和步道处采用了"减法"，尽可能用简洁的设计来配合主建筑的风格。

房屋入口顶部增加了一层横木（添加在最顶部），门柱则贴上了纯白色的瓷砖，用来增添都市感。而在扶手的部分增加两层横木，是我们的原创设计想法。白色的门柱、白色瓷砖步道，还有其他许多地方都可以倒映出星星点点的绿色。

在房屋与道路的高度差最明显的西侧，我们将许多天然石重新组合，使其更富有生机。而最能彰显天然石头的特点，便是它们本身并不统一的颜色，看起来就像一直存在于此似的。

在施工的最后一天，U先生与其母亲一同与我们完成了植物的栽种。对于我们的工作人员来说，这次与U先生一起完成的房屋户外景观整理，也是一次难忘的施工经历。

翻新后的房屋全景。一处在休闲风中也能感受到厚重感的庭院。

翻新前的房屋全景。

平面图（含植物配置图）·透视图

庭院中有主人第一眼就十分喜欢，都市风格浓郁的门廊露台。

房屋正面全景，宛如坐落在森林中。

施工面积：约10m²
施工期限：约30日
预计费用：约47万日元
（屋顶与露台部分）

T先生期望壁架是浅白色的，同时希望后加的横木能够与浅白色石头的颜色相呼应。与马路的分界处则用方形的花岗岩做了一处矮墙。

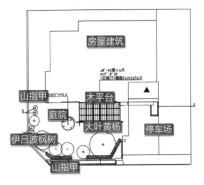

休闲而具有厚重感的杂木庭院

这是一处花园翻修的案例。T先生主要有四点要求：倾斜面的草坪部分要与分界线完美契合；庭院里要有一处可供喝咖啡的地方；想在已有的连廊处新增一处露台；还希望植物的种植环境能有所变化。因此，在制定设计方案时，主要是注意如何与房屋户外景观相契合。

T先生希望用作墙面装饰的天然石能选择浅白色，同时希望后加的横木也能与白色石头相呼应，更加自然。

在与马路的分界处，我们用块状花岗岩制作了一面矮围墙。这样一个小小的变化，让空间划分立刻清晰，整体结构也更加干净明朗。

为了在屋顶部分选用木纹来体现厚重感，我们选用了屋主人第一眼就十分喜欢，并且极具都市感的门廊露台。为了让藤蔓植物能够沿着某个支撑物生长，我们在门廊的侧面安装了网格状的花架。

植物栽种方面，由于已有的绿篱与多种类型的植物组合并不搭配，因此统一用常春藤进行装饰。这样一来，不同的绿色产生的叠加效果，也让T先生要求的森林感更强烈了一些。

翻新前的房屋全景。

植物名称

黄栌　野茉莉　具柄冬青　娑罗树　四照花

翻新后的房屋全景。树木左起依次是：四照花、黄栌、具柄冬青、野茉莉、娑罗树等。

用四季常青的玉龙草装点。

翻新前（上图）与翻新后（右图）。主花园中选用了石灰石，为了保证起居室的私密性，还栽种了一棵标志树。同时圆形的高花坛也可用作休息凳。

翻新前的庭院。

翻新后在屋顶下的露台处添加了一处小花园。植物从从左向右依次是：枫树、黄栌、栎叶绣球等。

施工面积：约132m²
施工期限：约17日
预计费用：约130万日元

易打理、多杂木的起居式花园

　　希望进行花园翻新的M先生主要有两点要求：之前搬入新居时，只清除了原本草坪中的杂草，这次希望能拥有一个自己喜欢的花园；希望可以将种花区域、打理环境的区域与厨房区分开，让整个庭院的维持和管理更加简单、容易。

　　基于M先生的要求，我们决定撤去原有的草坪，策划了"简单易打理的起居室花园"主题。

　　为了能让原有的瓷砖露台可以用做新庭院的"起居区"，我们在原有的基础上加造了屋顶，充分利用了现有的资源。

　　在主院区域，我们选用了碱性材料（石灰石）铺设地面，同时装饰植物选用了四季常青的玉龙草。

步道。

花岗岩材质的水槽。

庭院全景。设计感与功能性兼备的杂木庭院。树木从左向右依次是：冬青、小叶团扇枫、腺齿越橘、短梗冬青、枫树等。

设计感与功能性兼备的杂木庭院

T先生的家原本的庭院就是用筑波石建造的日式庭院，所以T先生希望在庭院设计中，可以很好地将原有的筑波石利用起来。

从雨水檐处落下的雨水，可经由花岗岩材质的水槽，很自然地流向石英石拼接而成的地面。本次的拼接地面花费了大量的时间和人力，小心仔细地进行了最细致的手工铺设，所以成品的质感和效果都很出彩。

庭院外围的围栏我们选用原创设计的镂空围栏。在花岗岩柱上，我们用横条的炭化木这种天然材料凸显都市风格，将整体设计与原有的空间完美地结合在了一起。

同时，作为日式庭院，我们采用了筑波石与原创设计的水盘进行装饰，在细节处突出特点。

至此，一座观赏景色佳的起居式花园，兼备生活感与功能性的杂木庭院就设计完成了。

筑波石与原创水盘。树木从左向右依次是：短梗冬青、枫树、具柄冬青等。

施工面积：约70m²
施工期限：约20日

平面图（含植物栽种配置图）透视图

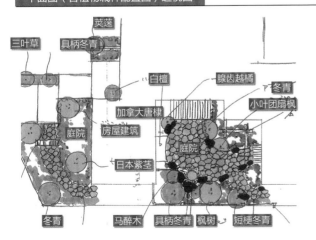

三叶草　英蒾　具柄冬青　白檀　腺齿越橘　冬青　小叶团扇枫　加拿大唐棣　房屋建筑　庭院　庭院　日本紫茎　冬青　马醉木　具柄冬青　枫树　短梗冬青

杂木庭院的乐趣

庭院美丽户外景观带来的乐趣

用自然素材就能装点出美丽的庭院。

用杂木与花草装点过后，整个住宅的外部色彩斑斓，让住户每天都能在这样的氛围中享受生活。同时，用这样的环境迎接来客，不仅为到访的来客、路过的行人增添了一份好心情，也能起到美化街景的作用。

漫步于庭院中，享受大自然带来的乐趣

走在天然石铺就的庭院小径中，仿佛漫步在森林当中。

在庭院的小径周围种上杂木和花草后，行走在其中，就像漫步在森林当中一般。用切割石铺成的路面和砖块的选用让行走更加方便。休息区的设置和随处可见的长椅，也能让人更加轻松地游园。

从室内欣赏庭院的乐趣

庭院景致一览无余的客厅。

在设计这处庭院时，曾花了10天的时间思考如何能从庭院看到客厅，但其实，平时我们在室内的时间远远多于在庭院。其次，如果能从室内就能看到整个庭院的景色，也是一件很有意思的事情。因此，我们的设计理念定为"在家中就能看到的庭院"及"与室内一体化的庭院。"

借景带来的乐趣

这是一处借景十分到位的庭院。整体设计充分利用了高地势与整体环境开放感强的特点，仿佛是一处位于高原的氧吧。

所谓借景，就是让远处的高山等自然景观成为整个庭院景致的一部分，是一种设计手法。如果庭院周围有山、森林等自然景观，借景能让庭院的美更上一层楼，仿佛置身于大自然中一般，相当惬意舒适。

四季变化带来的乐趣

初夏景致（右）与初秋景致（左）。

种有杂木的庭院景致都会随着四季的变化而变化。春季万物复苏；夏季杂木生长，绿树成荫；秋季满园红叶，冬季草木变枯，但有柔软的日光照进园内。

享受时间变迁带来的乐趣

在经过多年变化的石缝中栽植红叶，形成了摇滚花园风格。刚刚完成时（左）与完成几个月后的红叶（右）。

随着时间流逝，植物的生长会给杂木庭院带来完全不一样的味道，这便是"经年变化"。杂木刚刚种好时，树还是矮的，植株之间也留有很大的空袭，但随着时光流逝，便会出现恰到好处的树荫，以及很好的保护隐私效果。粗糙质感的墙壁、天然石头、砖块等素材都是打造自然风的"利器"。

享受庭院当中"小自然"带来的乐趣

将井水活用为水景的庭院。

在杂木庭院中，可以感受到日本乡村原始风景中的小自然，可以通过假山形成杂木森林，也可以用通过水池来营造大自然中的小河感觉，还可以通过构筑动植物的栖息场所来享受涓涓水流。

享受果实、丰收带来的乐趣

长出果实的四照花"银河"。

最前面的是白梅，接着是四照花，左边是齐墩果树。

在杂木庭院中，可以享受到园中果实丰收带来的乐趣。像四照花、齐墩果树、乌饭树等可以结果的树，以及橘树、梅树等，除了可以给庭院带来一丝绿意，还能享受果实成熟时收获的喜悦。此外。如果将庭院的一部分用作家庭菜园，种一些蔬菜或香草，那么一整年都会有收获的喜悦。

说起杂木庭院，就会让人想到很久以前日本某个村庄里的"小自然"。人们置身其中，顿觉心中宁静，就连时间的脚步也慢了下来。与周围环境融为一体、巧用借景技术的庭院，便是田园风庭院。

融入周围自然的田园风庭院

深山景致部分。潺潺流水声逐渐融入进了日常的生活中。

庭院全景，如深山幽谷。树木从左向右依次是：日本紫茎、鸡爪槭、具柄冬青、棉毛梣、荚迷花等；树下草从左向右为日本吊钟花、大吴风草、山玉簪、土常山、粉花绣线菊等。

田园景致部分。用日本根府川的石头铺就的地面，引出水流路线，同时兼顾安全。

享受深山幽谷的乐趣

居住在日本埼玉县莲田市的针谷先生比较特别，他的家附近有许多贝冢和过去房屋的遗址，同时还有许多中世纪武士武馆的遗址。

在庭院的设计结构上，我们遵从"田园—深山—田园"的模式，用垫土将整个植物栽种区域加高，更加突出了大地的强劲。

在用天然石表现出水流的路线时，我们也采取了最为安全的方法。为了能最大限度地享受整个庭院空间，我们设计成了环游型庭院。

整个景致的亮点之一，就是以"谷户"（丘陵受到侵蚀后呈现的地形，状如谷堆）为原型，进行石块的重组，并在底部种植树下草，打造出一种深山的感觉。以后这些石材渐渐都会被绿苔所包围，会更富有山野情趣。同时，虽然没有设置给水装置，但是有井水涌出，水流声也会渐渐成为主人生活中的一部分。

在主人为了生火需要劈柴的地方，还准备了坚固的垫木，以防斧头破坏地面。

植物的选择方面，"田园"部分，选用了石榴、甘夏橘等柑橘系植物，"深山"部分，则以落叶树为主。

舒畅的乡村氛围和极富大自然气息的深山幽谷景致，如果这些能够成为针谷先生生活的一部分，便是对我们最大的褒奖。

木曾石是一种吸水性很高的石材，以后会被绿苔包裹起来，也会更加富有山野情趣。

日本紫茎下栽有荷包牡丹、桧叶金发藓等。

整个景致的重点就是以"谷户"为原型，进行石块重组，并在底部种植树下草，打造出深山的感觉。树下草从左向右依次是：蕨类、石菖蒲、虎耳草、桧叶金发藓等。

主人准备劈柴的地方，多铺了一层垫木。

白色的弗吉尼亚鼠刺。

白色的山月桂。

白色可爱的日本紫茎花。

植物的选择上，"田园"部分选用了石榴、甘夏橘等柑橘系植物，"深山"部分则以落叶树为主。

施工面积：约66m²
施工期限：约15日

展现别样小河景致的庭院

与周围环境合而为一的杂木庭院
可以看到周围山脉的杂木庭院。树木从左向右依次是：小叶青冈、枫树、红柳木、连香树、枹栎、加拿大唐棣、小叶青冈等。

让人想起乡村风景的杂木庭院
用天然石铺设的大露台、日式房间前设有中庭，平台前的假山种有杂木，这些元素都能让主人在屋内就享受这一方庭院种的绿色。树木为：棉毛栎、日本紫茎、白檀等。

借景乡村的杂木庭院
为了更好地与周围的山景相融合，我们种植了比较醒目的高大树木，同时增添了许多绿色。树木从左向右依次是：小叶团扇枫、山樱、具柄冬青、山茶树等。

让人想起故乡的风景"四季庭院"
采用杂木、木材、石头、沙砾、原有房屋的瓦片等自然素材，打造令人想起故乡风景的"四季庭院"。杂木与绿苔的绿色和石头与沙砾的白色，强烈的对比便显得十分热闹。

一年四季都能发现乐趣的杂木庭院
这处庭院中种有许多树木和花草，色彩十分丰富，因此一年四季都能发现当中的乐趣。树木从左到右依次是：加拿大唐棣、冰生溲疏、红柳木、金木樨等。

幼时亲切熟悉的天然山峰

重新设计已有的石头，表现山间泉水的饮水处
在已有的三波石（庭院中的观赏石）基础上重新建造了饮水处。从这里涌出的泉水又积聚在盛水盆中，成为附近村民饮水的地方。 篱笆附近成排地种着雏菊，也是一处天然屏障。

花草树木不断、生机勃勃的庭院
为了让庭院富有厚重感，铺设了大面积的天然石台阶。露台部分由无秩序的天然石拼接、垫木和小型铺路石构成。为了让所有素材的连续性和节奏感更好，还种植了草坪和马蹄金。树木从左向右依次是：杨梅、伊吕波枫树、光蜡树等。

活用借景，
让人舒适惬意的庭院
马赛克镶嵌的瓷砖基座创建出了一个三维空间。红叶在竹林鲜艳的绿色背景下愈发鲜艳。同时，马赛克与两种颜色的球形装饰物又增添了都市感。

杂木庭院的乐趣便是可以感受到季节的变化。春季的新绿、夏季的收获、秋季的红叶，以及冬季的寂静，都是不断变化的。人们从植物的嫩芽中可以汲取力量，肌肤能够感受到微光与风，也能通过花草树木的颜色变化来感知四季的变迁，惬意无限。这便是杂木庭院的魅力，而其主角便是花草树木。

感受四季风光变化的庭院

伊吕波枫树下种有玉龙草。

庭院全景。可以坐在木平台上赏景的庭院，宛若一幅画。红叶树为山枫树、黄色叶子的为伊吕波枫树。

走在天然石块铺就的小径上，像是漫步在森林中一样。

源自四季的色、声和光

由于南边被房屋建筑遮住了光，所以H先生的庭院日照并不充足。因此，他希望能够感受到四季的变化，整体的氛围更加幽静。

因此，我们以"源自四季的色、声、光"为主题进行了构思。庭院结构虽然比较深，但这也是这所庭院的特点之一。

关于"色"，我们在原有水松篱笆的基础上新增了板壁，并以此为背景，在充分考虑了花朵颜色和叶子颜色的基础上搭配种植了枫树、绣球花和杜鹃花。为了在视觉上随着不同植物产生相应的画面，花费了很多

心思。

"声"，便是水管中的流水声。寂静庭院中的流水声，便是这所庭院的独一无二之处。

所谓"光"，便是透过树木的枝丫洒进庭院的日光。那些穿过诸多树木枝丫的缝隙进入庭院的日光，能够让人备感愉悦。

从春季花草的嫩芽到夏季葱郁的绿叶，从秋天的红叶到冬天的秃木，一处可以品味到诸多乐趣的庭院便完成了。

铺路石与条石组合。

H先生安装的照明灯。

通往后门的栅门也被绿意包围。树木从左向右依次是小叶团扇枫、红柳木、白蜡树、珊瑚木等。

原有水松篱笆（照片靠里）的基础上新增了板壁，并种上了枫树、绣球花、杜鹃花等植物。

起居室视角看到的庭院。植物从左向右依次是杉树、山枫树、水松、伊吕波枫树等。

木平台铺上榻榻米，庭院的整体性变得更强了。植物从左向右依次是山枫树、绣球花、合花楸、玉龙草等。

满目都是鲜艳的红叶。

施工面积：约36.3m²
施工期限：约20日

享受不同的风景

兼备日式的娴静与都市时尚，一年四季都享受其中的杂木庭院

左图：4月份时的庭院。花爪草、珍珠绣线菊、连翘、吉野杜鹃、圣诞玫瑰等相继开花。

右图：5月份时的庭院。较大的树木为：常绿四照花、野茉莉、厚齿石楠、具柄冬青、连香树、乌樟、吉野杜鹃、小叶青冈、白桦树、加拿大唐棣、金木樨等。

从 初夏 到 秋季   春季 到 初夏

多样化的植物栽种

上图：初夏时节的日式庭院。树木从左向右依次是伊吕波枫树、娑罗树、野茉莉，树下草从左向右依次是蕨、绿苔、麦冬等。下图：秋季的日式庭院。红叶满目，好不热闹。

在都市中也能感受到大自然

上图：春季的庭院景色。花朵盛开的山杜鹃。右图：初夏的庭院景致。杂木从左向右依次是三叶草、山杜鹃、长柄双花木、枹栎。

春夏秋冬，又是一年

从 夏季 到 秋季

大自然中的步道
红色的邮箱是庭院的点睛之笔。树木从左向右依次是：伊吕波枫树、柳树、白蜡树、糖槭、白桦树、橡树等。左图为夏季的庭院景致。右图为秋季的庭院景致。

从 春季 到 秋季

天然石、石灰、木材与植物的组合
右图为春季的庭院景致。标志树野茉莉的新绿树叶让人有种清凉的感觉。
左图为秋季的庭院景致。落叶满地，在庭院中就能感受到秋的气息。

从 初夏 到 秋季

起居自然两不误的庭院
上图为初夏时节绣球花盛开的景致。
左图为秋季，伊吕波枫树满是红叶。

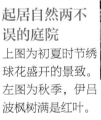

从 夏季 到 冬季

从 初夏 到 冬季

在都市中也能感受到大自然的杂木庭院
上图：初夏时的风景。树木从左依次是光蜡树、日本白蜡树、棉毛栎、野茉莉等。
左图：冬季时的风景。杂木树叶枯萎后飘落在寂静的庭院中。

适宜居住的杂木庭院
上图为夏季的庭院景致。树木丛从左向右依次是：吊花、山枫树、棉毛栎、紫薇树等。庭院一角也设置了十分漂亮的储物间。下图为冬季的庭院景致。树叶落尽，只留一院温柔的日光。

在杂木庭院当中，刚刚栽种的植物其实还没有与整个庭院融为一体，而随着时间一点点流逝，杂木、草植与庭院之间会越来越和谐，整个环境的韵味也会更加浓郁。我们可以称这一变化过程为"经年变化"，这也是杂木庭院的最大魅力。

享受经年变化韵味的时间庭院

三年后的步道。

庭院刚刚竣工时的步道，植物都还没有长起来。

虽然上次庭院装修结束时在木平台前预留了一些空地，但这次装修就不会再让这里长杂草了。

享受经年变化的杂木庭院

本次案例来自T先生，主要是对原本房屋的户外景观和庭院进行了改造。T先生希望能有针对性地采取一些预防杂草生长的措施，于是这一次主要是在木平台前的空地中进行铺沙、增设地面木板。

距离主人家上次装修庭院刚好过去了三年，院子中的植物也生长得很漂亮。

不论是精加工后效果十分自然的混凝土，还是用枕木铺设的步道，周围都栽种了红叶植株，十分漂亮。相信经过"经年变化"，这座庭院也一定会更有内容。

施工前（下）与施工后（上）。随着时间的推移，植物也适应了庭院的环境。图为种植在垫木前的栎叶绣球。

施工前

精加工过后效果十分自然的混凝土和枕木铺设的步道周围，都种植了十分漂亮的红叶植株。图中较远的树木为小叶青冈，较近的树木是光蜡树，红叶植株附近的分别是荚迷花和蝴蝶戏珠花。

施工面积：约132m²
施工期限：约14日
预计费用：约200万日元

熟悉感能给庭院带来更多趣味

地势高的自然庭院

上图：刚结束施工的景象。刚栽种的植物还未长成，与整个庭院的环境已完全融合。右图：一年过后，植物已经与庭院成为一体。橘色花是月季的一种，品种为"安娜弗兰克"、蓝色花是西洋牡荆。

宽敞舒适的杂木庭院

左图：设计施工刚结束的景象。右图：两年过后，青葱满目。榉树直指天空的树杈线条，令人印象深刻。

杂木同时间一起，带给庭院惊喜

搭配旧砖块与垫木的自然风步道

左图：刚刚铺设完成时。右图：几个月后。齐墩果树、红花常春藤、朱蕉、撒瓦那扁柏等各种颜色的植物，也给整条步道增添了一些额外的色彩。而随着植物的一天天成长，砖块与整个植物的氛围更加融洽，景致也更加美丽。

可以享受季节变化的前厅花园

左图：刚刚设计完成后。复古砖块打造的花坛很好地利用了门前地倾斜地面。右图：两个月后的庭院全景。常绿的宿根松叶菊、墨西哥万年草、麦冬等植物也都与庭院已经很好地融合在一起了。

可以享受经年变化的绿色庭院

上图：施工完成后不久的步道。接下来便是静等植物成长带来的惊喜。右图：两年后。各种植栽已渐渐长大，与四周完美融合在了一起。该庭院的标志树为日本连香树，花草主要有：迷迭香、鼠尾草系列、野草莓、天竺葵、多花蔷薇、白菊等。

草坪与杂木是一对"好搭档"。带有草坪的庭院就像是拥有一块"绿色绒毯"。草坪独有的质感，也会让人在上面打滚时心情格外舒畅。不论是和狗狗玩耍，还是练习高尔夫推杆，草坪都是绝佳的场所。在种类方面，高丽草坪比较常见，而西洋草坪四季常青，冬季也能感受到拥有草坪的乐趣。

治愈人心的草坪与杂木庭院

庭院门口附近。步道设计为曲线形，并采用了马萨德混合材质砂石材料装饰，天然石块也采用了不规则切割与拼贴的方式。图中植物为光蜡树植株、四照花、小叶青冈植株、枫树等。

从左侧看到的庭院门口全景。坐落在森林中的"家"。

从右侧看到的庭院门口全景。

施工面积：约182m²
施工期限：约40日

坐落在森林中的家

　　M先生家位于片平坦的住宅区，房屋西侧便是道路，而M先生希望能有一栋"仿佛坐落在森林里的房子"。

　　因此，我们设计了储物与自行车放置功能一体的小屋，作为区域分割，在前庭设置了玄关、步道、停车场。其中木制的置物设计是原创设计。此外，主花园正中间的停车场部分，在草坪里也放置了飞石，可作为步道。控制飞石的高度，不会磕碰到汽车底盘，同时也为整个草坪增添了立体感。

　　起居式花园设置在了南边的后院，这是为了能够让M先生可以不受到外人的打扰，尽情地享受休闲时光。后院里我们选用铁力木来做木平台，当作起居室的外门。此外，在住宅南边我们也用铁力木制作了高度为1.8米的围栏，保护私密性。

将南侧客厅前的部分空地当作后院，选用铁力木做木平台的材料，用作起居室的外门。植物分别为日本紫茎叶植株、日本连香树。

图为从木平台视角处的庭院全景图。

M先生的评价:

整个设计工程耗时约半年，期间也与高久社长沟通了许多次，耗时也相当长，所以很感谢高久社长的耐心与细心。当然也托大家的福，不论是家里的前庭还是起居式花园，都带给我们极大的享受。有时也会觉得后期打理很耗时、耗力，但是周围邻居们的赞赏也给了我们很大的信心。

为了保证主人的私密性，在南侧也用铁力木制作了高度为1.8米的围栏。

将储物与自行车放置功能于一体的小屋，作为区域分割，在前庭设置了玄关、步道、停车场。此外，主花园正中间的停车场部分，草坪里也放置了飞石，可作步道。飞石控制在不磕碰到汽车底盘的高度，同时也为整个草坪增添了立体感。

草坪与杂木相映成趣

白绿色对比下的美丽庭院

白色的瓷砖、绿色的草坪与杂木、干净整洁的庭院。右图中的杂木从左向右依次是：四照花、野茉莉等。

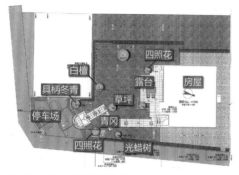

自露台便开始的草坪和杂木庭院

为主人的"第二生活"所设计的露台花园。客厅的正面用杂木来保证主人的隐私。右图中的杂木从左开始依次为：四照花、娑罗树、光蜡树、白檀等。

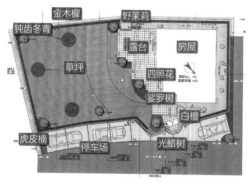

与委托人一同设计施工的草坪和庭院

我们与委托人夫妇一起，在这片面积广阔的庭院中铺设了草坪，极具开放性。右图中的杂木从左向右依次是四照花、娑罗树等。

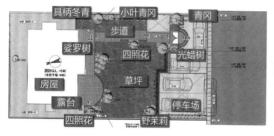

适合种植在杂木庭院的常青植物

在杂木庭院中很适合种植草坪这样的地被植物。天然草坪氛围适合温暖地区生长的草种以及耐寒、适合低温地区的草种。而暖地型草坪中又分为日本草坪与西洋草坪，其中日本草坪中的高丽草坪、西洋草坪中的百慕大草坪比较有名。冷地型草坪中，西洋草坪的剪股颖等比较有名。接下来将介绍适合杂木庭院的草坪和地被植物的注意点。

TM-9	蒂夫顿草坪	马蹄金

TM-9、天然石、混凝土的组合。

图中绿地边缘处被隔开的部分便是蒂夫顿草坪。大约半年的时间就能覆盖整个地面。

代替草坪，在空地中撒上马蹄金的种子便可。不仅四季常青，而且不需要打理。

便于打理的TM-9。该种草的高度不到一般高丽草坪的一半，打理十分简单。另外，由于除草后养料流失较少，所以也不用担心施肥的事。

"蒂夫顿草坪"属于暖地型西洋草坪，因其生长迅速，所以踩踏之后的恢复能力相当强。其茎叶十分柔软，即使光脚走上去也不会觉得扎脚。虽然需要细致的打理，但是呈现出的效果十分值得期待。

马蹄金四季常青，其生长力旺盛，即便是在背光的地方也能很好地生长，也无须除草打理，是一种很适合用作地被装饰的植物。马蹄金呈心形或圆形、叶茂，将其小叶紧密地扎在一起，茎便迅速向四周生长开来。

种植地被植物应当避开杂木根部

草坪在向阳的地方长势会很好。因此，应当避免种植在喜阴的杂木根部周围。图片中的草坪和杂木庭院中，由于四周的围栏可以透光，所以草坪能够晒到太阳，长势很好。杂木从左向右依次是：杜鹃、娑罗树、垂丝海棠、四照花，花草为花爪草、勿忘草等。

避免在篱笆下铺设草坪。虽然在篱笆下种植草坪并不少见，但是一旦草坪长开，打理时除草便会十分困难。这样一来，不论是草坪还是其他植物的生长都会受到不同程度的影响，所以一定要注意这一点。若是一定要在篱笆下铺设草坪，可以用缘石代替一部分草坪，只要不让草坪长到篱笆下即可。

从很久以前，京都的绿苔庭院就给人们留下了很深刻的印象。其独特的娴静氛围便是其魅力所在。而在杂木庭院中，绿苔就是常见的一种地被植物。绿苔庭院也与日本人喜欢闲静、幽静的心态很相符。此外，绿苔庭院不仅能够治愈人心，它也是有利于环境的环保花园。

人人都爱的环保绿苔庭院

沿着窗边，依次是小叶团扇枫、四照花的杂木以及野草。

枫树、冰生溲疏、铁线莲等与铁力木一起，形成了一堵"墙"。

铁线莲的花。

施工面积：约66m²
施工期限：约25日

伊吕波枫树的大型植株与四照花。为了不影响绿苔的生长，此次树下草种植的量很少。

绿意盎然的治愈庭院

　　在A宅的设计中，我们在中庭为植被们留出了一大块地方，同时将人可以活动的范围做到了最小。这样从每个角度看过去，都有不一样的风景。

　　在大枫树做成的地板上，正是柔软的绿苔。我们在那里设置了粗犷有力的石头组合，让人一进入玄关就能感受到四季的气息。

　　A先生的房屋周围，以及通向二楼阳台的绿植楼梯，让这个家的一切都洋溢着大自然的气息，希望屋主人能在这个家中与大自然幸福生活。

　　我们不仅在屋子的各处细节下了许多功夫，同时也设计了自房屋内部向外眺望的视角和高处能看到的景色，这将整个屋子的基础都藏在了"森林"中。

当灯光照入时，便又是另一番光景。

天然石堆旁边是白蜡树、枹栎、小叶团扇枫、野玫瑰等。更加突出了石堆。

天然石堆与瓦砾装饰相得益彰，将粗粝与坚忍表达得淋漓尽致。

大块的天然石营造出了大自然中寂寥的景象。

阳台视角下的中庭。可以看到枫树与桧叶金发藓的绿色充满着整个庭院。

绿苔遍布的一角。三角状的木制走廊便是这里的"特等座"。

拉窗灯光照耀下的冰生溲疏与山杜鹃。

从和式房间中可看见另一处拉窗。

从和式房间看去，便能看到冰生溲疏带有斑纹的叶子了。

用壁面装饰来突出植物的翠绿。

吊花、栎叶绣球、蕨类等生长得正茂密。

用绿苔营造深山风景

在日本紫茎下种上了荷包牡丹、桧叶金发藓等植栽。将来绿苔将覆盖石材，也会更添山野情趣。

源自和式绿苔庭院的安乐

大谷石作为立体装饰安置在庭院当中，地衣类植物选用了大灰藓、富贵草等。

用绿苔装点的前庭花园

作为玄关的点睛之笔，使用了原有庭院中的石头，也种植了四照花，还以绿苔为主要装饰种了树下草，用以打造山野景色。

以苔藓为重点的和式庭院

在天然石铺就的小径上用天竺葵装点。

湿润苔藓带来别样景致

沉静满园，和式现代绿苔庭院

以主石为中心，园中共有五处石饰，主石上覆盖着厚厚的砂藓，其余部分则栽种了玉龙草。绿苔与玉龙草两种色调相映成趣，整个庭院都明亮起来，气氛也更加沉静。树木从左依次是具柄冬青、松叶菊、白檀、木瓜等。

通风好，采光佳的绿苔庭院

由于墙壁较高，所以步道四周压迫感较强，为此，特意在一旁种植了杂木、山野草植及绿苔。阳光与微风从南面进入园中，极尽温柔。铺设的石子上也都覆盖了青苔，时间长了，只是用手触摸，也能感受到整座庭院的广阔深度。杂木丛从左向右依次是三桠乌药、石楠花、日本铁杉、粗齿绣球等。

绿苔花园改建施工程序

❶改造前。玄关视角图。

❷更换土壤。待移植的树包上树根从土里移出，换上新土壤。

❸用起重机将花园的石头搬入。

❹用起重机将石块吊起，再将庭院中的装饰石安置。

❺初见庭院模样。

❻种植绿苔。

❼种植玉龙草。通过种植冬青植株，也让有限的小空间也增添了一份深邃之感。

很久以前，石材便被频繁地运用到庭院的设计当中。而庭院石材的使用方法中，"垒石、铺设"是基础，选材也以天然石头为主。铺设石头的庭院与天然石材十分相衬，若能将天然石材用作垒石，便能够再现乡村小自然的风光。

重现山野景致的石木庭院

停车场视角下的庭院全景。采用石材与杂木装点露台庭院。

石材与杂木装点下的露台庭院

这座露台庭院中，白色的设计元素与绿色的树木相互映衬，格外美丽。其中银白色的石材便是原创材料安山岩。

为了让人感觉庭院像被不透光的布料笼罩一般，庭院中增添了遮光罩与原创设计的铁制支架，并特意做成了曲线形。

在遮光罩下，还设置了银灰色炉台与花坛，也可当作桌子。将原有的玄关门廊与露台连接起来的，是一座银色的小桥，而在那小桥深处，也设置了原创设计的洗手台。洗手台、长凳与石柱将小小的空间环闭了起来。

在停车场，便可以看到露台庭院的全景，也可以看到当中的各种植物与装饰亮点。这是一座集清爽感、植物与治愈感于一体的庭院。

如果屋主的家人、到访的各位客人之间的沟通与交流，能因为这座庭院而有所加深，对于设计者来说，便是最大的褒奖。

光蜡树

棉毛栒

冬青

红花荷

鳞木

连接入口门廊和露台的银白色桥梁。此处可以看到后面的花园水池。

遮光罩将白天的日光弱化了不少。用作支撑的铁柱也是原创设计。

从洗手台处就延展开来的石凳。　原创设计洗手台。

遮光罩下兼做石桌用途的石炉。

施工面积：约50m²
施工期限：约30日

53

杂木可柔化石材的刚硬

现代和式露台庭院

宽敞的现代和式庭院中央，放置着蓬莱龙石，而露台悬于中心的上方，也是可以利用的空间。树木为冬青、伊吕波枫树、四季青、杨梅等。

花岗岩屏风庭院

这座现代风格的石制引水筒，水流从花岗岩屏风处流出。庭院中花岗岩线条明晰，杂木的种植使得庭院的氛围更加柔和了。

假山点缀的简洁庭院

以信乐烧制造的"佳月"为中心，附加上天然石、灌木、地被植物，便共同造就了这座简洁的庭院。杂木从左向右依次是小叶青冈植株、星花木兰、虎皮楠，同时在庭院的标志树星花木兰的树根下，种植了蜡瓣花、山杜鹃、西洋马鞭草、福寿草、匍匐筋骨草和富贵草。

石、木、花草等自然素材装点下的庭院

花岗岩和铁木条纹的现代木平台。树木有冬青，伊吕波枫树等。右：花坛框架上的石床用小块石英岩装饰，将整个花园景观连接在一起。

天然石从很久以前就被用作庭院石材，除了日本国产的安山岩、花岗岩、粘板岩之外，最近，白色、浅驼色等浅色系的花岗岩和石灰石等进口石材也得到了频繁使用。此外，在人工石材当中，也有对混凝土进行再加工的人造石。而平板形状的石头，则常用作步道铺设与庭院中的垫脚石。

石材组合，赋予杂木庭院色彩

花岗岩
连接庭院与玄关处步道的花岗岩材质的长条状石材。

丹波石·花岗岩
丹波石的拼接与平板状的花岗岩步道。

花岗岩·大矶沙
花岗岩的小路旁铺设了沙砾。

樱花岗岩
未打磨的樱花岗岩堆砌成的矮围墙。

大谷石
大谷石设计为浮于其他石子之上。

大谷石·英虞湾石
大谷石铺就的步道，缝隙间使用了英虞湾石来铺设。

大理石·筑波石
拼贴大理石与筑波石装点下的庭院。

大理石·安山岩
大理石材质的露台，右边是由硬质安山岩制成的烧烤炉。

粘板岩·砂岩
让人联想到木材的印度产粘板岩和短小较厚的因素砂岩。

有许多的物件都可以让杂木庭院里的生活乐趣无边，同时也能帮助藤蔓植物顺利生长。这里介绍一些独具美丽的庭院单品。

为杂木庭院增色的单品

藤蔓支撑架

藤蔓支撑架可以让藤蔓植物顺利生长攀爬，现在也是园艺不可或缺的单品。其形状既可以是格子状，也可以是扇形，材质也有木材、金属、塑料等各种各样的，可以立体地展示花坛和植栽。同时，可攀爬类植物的选取，推荐藤蔓、三叶草、忍冬、常春藤等，也可以起到保护隐私的作用。

木平台中间设置了网格状花架，栽种了可以用以保护主人隐私的铁线莲（常青）。

棚架

棚架就像日本的紫藤架一样，带有凸角的形状很受欢迎。如果将它放在花园的一角，也不失为一个不错的设计点。棚架有多种享受方式，例如用作遮阳篷与藤本植物的攀爬架。同时，棚架与木平台搭配使用这一方法也逐渐为人们所用，用作玄关装饰与步道的遮光罩也不失为一种好方法。棚架通常由木材制成。

施工三年后。白色和黄色的蔷薇便可用作遮阳罩和围墙。

木平台

图为由之前广泛使用的日本传统风格的木平台演化而来的现代版本，通常从客厅处延展开来；材料一般为木材、树脂和硬塑料；形状也很百变，如正方形，三角形和扇形。木平台与遮阳篷和花园房间一起使用时，住户也会更加舒适。

木平台质量相当好，用藤蔓架做遮阳罩，并用棚架保护下方，也可以用作种植空间。

花园拱门

花园拱门位于大门和庭院的入口处。日本从很早以前便一直有玫瑰拱门，最近拱门的设计也变得越来越漂亮。仅一个拱门，就可以为庭院带来三维视觉上的变化。拱门的上部通常是弯曲的，因此一般选用容易加工成弯曲状的铁制品，也比较耐用。

凉亭状的拱门与蔷薇交相辉映。

木制栅栏

格子栅栏与蔷薇花交相呼应。

图为木制栅栏。栅栏的形状也是多种多样，例如竖直的格子、斜线格，以及竖直粘贴与横线粘贴。除了起到隔断和屏障的作用外，木制栅栏还可以用于悬挂盆栽花卉、吊篮等，用于藤蔓植物的缠结生长（如风叶和铁线莲）也十分方便。

花园方形架

由圆柱形金属棒组合而成，经常用于缠绕蔷薇、铁线莲等蔓藤植物。在院子里安装方形架时，如果只是插入在土里，随着植物逐渐长大、重量增加，铁架便会被风吹倒。而如照片所示，将方形架底部用混凝土牢牢固定，便可避免上述情况。

方形架上的铁线莲与野海茄。

庭院灯饰

庭院灯饰一般用于庭院晚间的照明。具有各种尺寸和形状的古董船灯很受用户欢迎。有放置式、悬挂式和安装式，并且安装也相对容易。最近，耗能较低的LED灯也颇受欢迎。

晚上被照亮的庭院。大多数都是低压灯，因此大多都很省电，并且许多类型的灯都可以让您在夜间欣赏壮观的景色。

铁艺

就是指锻铁。工人们用锤子一点点敲打高温下的铁，每个作品都是纯手工制作。在欧洲，一般用在庭院的设计施工中，铁制品也被用在遮光罩、入口、各种架子等设计中。

在铁艺架的下部可以放上藤蔓类植物来增加其利用价值。

日光室

日光室是从客厅处扩张而来的，位于木平台或露台上。通常其框架由金属制成，并带有用于采光的玻璃。阳光照射进来的日光室会令人十分舒适，如果开着窗，夏天凉风清爽，冬天阳光充足。特别是在雨季，即使打开日光室通风，雨水也不会吹入客厅，效果十分出色。

日光室将房屋内部与庭院很好地衔接在了一起。

遮阳篷

简单来说，遮阳篷就是由帆布制成的遮阳篷或防雨罩。它在日本并不多见，常见于欧洲的普通家庭。其功能便是阻挡了夏季强烈的光线和令人不快的雨水。将其放在木平台或露台上更舒适，同时由于有遮阳效果，夏季时空调的使用频率大大降低，因此节能效果很值得期待。

靠简单的金属工具就能安装的遮阳篷。

壁式喷泉

壁式喷泉就是指在墙壁中接上水龙头。一般都在漆墙和砖块墙上做，由于是在平面上，因此可以做成曲线，也可以做成各种各样的造型。这种壁式喷泉可以将院子和周围的素材调和起来，很是美丽实用。

砖墙上的壁式喷泉。

烧烤炉

烧烤炉多用于家庭烧烤，一般用耐高温的砖块或是石块做成。在修筑烧烤炉时，一般会设置用于烤蔬菜和肉的网和铁板，如果同时有立水栓和水池会更方便。另外，炉前最好铺上砖或瓷砖，防止污垢，也可放置材料。

砖制烧烤炉采用曲线和高低差设计，十分有趣。

长凳

长凳正是庭院中用来休息的。其材料可以是木头、石头、砖、金属、瓷砖等。市面上也有许多现成的产品。由于长凳多在露天，所以木制的长凳需要维护，但用刷子涂抹防腐剂也并不是件难事。最近已经出现了像铁力木这种无须后期维护的长凳。

柚木材质的原创设计长凳。其半圆的形状十分独特，看起来像船的方向舵，又像是只露出一半的车轮。

庭院家具

庭院家具就是摆放在庭院中的家具，多指用于在花园里放松或烧烤的桌椅。其制作材料多种多样，例如木材、金属和硬塑料。成品可以在家装店中轻松购买到，但是手工木制品和铸铁件是由专业工匠手工制作的，因此无法批量生产和定制。

客厅、庭院和庭院家具，三者融为一体。

享受杂木庭院的方式多种多样。从木平台眺望庭院，绿树繁花尽收眼底，别有一番情调。种植树木，以能自然地形成屏障及遮光的植物为佳。一起享受户外客厅中杂木庭院的魅力吧。

尽享树荫的木平台庭院

宽阔的木平台。树木从左依次为光蜡树、桂树、娑罗树。
木平台面积：21.45平方米。

施工面积：约76m²
施工期限：约10日

杂木围绕的休闲花园

占地宽阔的K宅。主人提出的要求是，想要"将客厅前的庭院变成一个杂木围绕的休闲庭院"。因此，我们在客厅前设置了宽阔的木平台。素材是无须太多维护的树脂木。安装遮阳篷阻挡阳光和紫外线，使整个庭院更具舒适感。

坐在户外桌椅上，置身于绿意中。这就是K先生向往的悠闲假日时光。

从二楼眺望的景象。枫树、冬青、四棱木材等悄然形成一个屏障。

植物名称

光蜡树　桂树　娑罗树

坐在户外桌椅上度过悠闲自在的时光。
户外桌椅：高秀"但丁手扶椅"、"达尼亚马赛克桌"。

夏天用遮阳篷阻挡阳光和紫外线。

宽阔的庭院草坪是小狗玩耍的地方。树木从左依次为桂树、娑罗树、光蜡树。

从木平台眺望整个庭院。杂木围绕的休闲花园。树木从左依次为娑罗树、桂树、野茉莉。

带来慰藉的庭院

直线和自然相和谐的杂木庭院

绿意环绕的木平台。利用杂木的广阔感使木平台平面的印象变得更立体。杂木有三桠乌药、青冈、四照花、小叶青冈、常绿四照花等。

白色的木制庭院

全木制庭院。为了打造一个既现代又自然的庭院，院内各处都种植了高大的树木。包括四照花、橄榄树、常绿四照花、光蜡树等。

以杂木为屏障，采用三角形藤架的木平台

带藤架的木平台。使原有的光蜡树发挥屏障作用，打造三角形的藤架。柱子部分安装了带有复古气息的铁制挂钩，可用手作的吊篮和盆花作为装饰。

木材的温润质感与杂木相互调和

让人感知季节变化的木平台

客厅前安装了硬木平台，庭院中到处都设计了栽种空间，种有常绿树、落叶树、高木、矮木。树木从左依次为野茉莉、娑罗树、白蜡树。

用标志树制造树阴

植于木平台一角的标志树是植株形的美丽桂树。夏天时能形成一片树荫。

坐在木平台上眺望庭院

木平台的角落里栽种的植物，有冬青、西伯利亚红瑞木、蓝莓等。一年四季都能欣赏到各类草木随着季节变化。

与房间布局相称，从西式向日式风格转变

以中间的木平台和孤木为界限，向日式风格转变。草坪用的是四季常青的西式草种，院中小路上铺设的是破碎砖瓦制成的生态型碎片。植物从左依次为桵叶槭、野茉莉、桂树等。

木平台和庭院一体化

在草坪中央设计一个长宽均为2.4m的正方形花园舞台，使木平台和庭院融为一体。周围铺设炼瓦，打造一个镶边式花坛和栽种空间。

小高地上兼具日式与西式风格的自然庭院

从木平台眺望主花园，可以看到日式风格和西式风格并存的庭院。从日式房间眺望是日式风格，从客厅眺望则是西式风格。并不刻意强调某种风格，而是为了感受两种风格的自然并存。加入了流水声、枫叶、花朵、草木与蔬菜等多种多样的场景，来丰富整个庭院。树木从左依次为棉毛栎、鸡爪槭、野茉莉等。

绿意环绕的开放式木平台

自然的木平台花园。栽种的植物充满自然气息。有四照花、光蜡树等树木。

在木平台上享受舒适花园生活

在面朝客厅和餐厅的空间上设置木平台，配合自然石铺设的小路和植物栽种空间，打造出一个能享受花园生活的空间。树木从左依次为蓝莓、光蜡树、橄榄树。

木平台是一种与杂木庭院非常契合的设计。站在木平台眺望杂木庭院，或是在木平台中种植杂木，享受方法非常多。

让杂木庭院更有趣的木平台

用杂木为木平台制造树荫

杂木环绕的木平台庭院不仅是舒适的户外客厅，也是全家放松团聚的地方。在这里烤肉或者举办花园派对，会有一种住在森林中的感觉，其乐无穷。但是，到了夏天，木平台上会变得非常炎热。如果能利用杂木制造一片树荫，便能舒适地度过夏天。安装遮阳篷则会更加舒适。杂木的种类可以是常绿树，也可以是落叶树。夏天可以适当遮阳，冬天落叶时则可以收进明亮的阳光。

向杂木庭院延伸的木平台。杂木可以使阳光变得柔和。

夏季炎热的木平台。树荫可以使阳光变得柔和。

在木平台前种植娑罗树、灰木、棉毛梣等植物，制造树荫。

将木平台与杂木融合在一起

即便庭院由木平台全覆盖，但在当中加入杂木，其柔和的绿色也会为整个庭院增色不少。尤其是如果想要在庭院翻新时保留现有树木，则可以通过剪裁并设种植甲板来重新使用树木。在木平台上种植杂木时，要选择耐干燥的树木。因为木质甲板下部十分干燥，因此很适合落叶和抗虫的树木，例如四照花、冬青和枫树等。

将部分木平台挖空，种上山照花的植株。

图中所示，先种上植物，再进行木平台的装修。黑色木板是防草板，横木则是铝制的。树木为具柄冬青。

在木平台上建杂木庭园

如果在木平台上修筑花坛，开辟种植植物的空间，便可以享受一处不一样的庭院。在这样的庭院中，从室内也可以欣赏到花朵与葱郁的绿色，还能感受到四季的变化。打造一处有蹲踞的和式中庭也不错。

该庭院的木平台中央开辟出了种植植物的空间。图中便是客厅视角下的庭院图。由于木平台中央种有植物，也增添了庭院的层次感。在整个庭院的标志树加拿大唐棣下，还种植了时兴的花草。

在木平台的一角设置的小小杂木庭院。树木依次是：长柄双花木、合花楸、冰生溲疏，树下草为荚果蕨、玉龙草、山玉簪等。

露天凉台可以说是庭院中最重要的部分了。这里是家人和客人休憩放松的地方，所以应该打造成一个舒心放松的空间。用树木装点的露天凉台也能给户外生活空间带来更多的舒适感。

绿意盎然的露天凉台和丛树之庭

施工前

装修前的庭院。

施工后

装修后的庭院。

入口处移植了原有的树木，让重修之后的入口花园保持了一份亲切感。委托人对此设计很满意。

车库的对面是草坪。石面的露天凉台是偶尔茶歇的好地方。

施工面积：1881m²
施工期限：约80天

油然而生的舒适感

　　这是一件修缮花园的案例。委托人希望将之前有建筑物的地方改为庭院。本案例的重点在于如何利用好这一大片空地。

　　根据委托人N的意愿，我们将屋脊规划至中间位置，在房屋前面留出了大量空间，方便倒车和出入。此外，也可以作为停车的空间供来客自由使用。

　　从大门往里迈一步便进入到了庭院，车子能一直开到屋子的前面。这种设计在保证庭院功能性的同时又能为庭院装点一抹绿色。

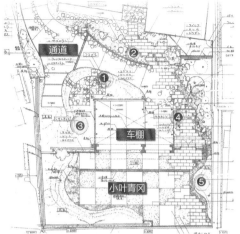

通道

❷

❶

❸

车棚

❹

小叶青冈

❺

植物名称

❶ 棉毛梣　❷ 四照花　❸ 光蜡树　❹ 鸡爪槭　❺ 具柄冬青

在宽阔的花园空间，为了保证在建筑物一侧眺望庭院时将通道的地面排除在视野之外，让庭院多些治愈的绿色，在考虑到高低平面差异的基础上移种了绿植。

从左边数依次是绿叶冬青、垂枝枫叶、四照花等。

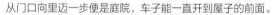

从门口向里迈一步便是庭院，车子能一直开到屋子的前面。

遮光的车棚屋顶。采用了易吸光材质的聚碳酸酯材料，冬暖夏凉，柔和日晒。

享受舒适的花园生活吧

可以享受到中年人生之趣的庭院

高台上的自然花园。从木质地板上眺望到的风景。这里种植了一年生草本和宿根草，体现着四季的更迭变化。右侧是露天浴池。

在都市中也能感受自然的丛木之庭

目光所至之处皆是绿意盎然的自然，让住在这里的人流连忘返于此，是和家人、朋友品茶聊天的好空间。树木的颜色随着季节的更迭而变换，昭示着时间的流逝。从左向右依次是光蜡树、白蜡树、棉毛栎、野茉莉等。

拥有烧烤炉的丛木之庭

榉树的下面是铁平石的地板砖，中间是一座可以围坐多人的圆形大型烧烤炉。

高处的烧烤花园

从草坪上看到的露天凉台、烧烤炉和长椅。从这个角度看，起居室前面的地板、庭院、露天凉台好像在同一水平线上，房屋和庭院融为一体。从左向右依次是娑罗树、吊花、水曲柳等。

植物名称

日本莲香树

冬青

山茶

树木间摇曳的日光

拥有烧烤炉的露台花园
甲板下一阶是石英石的露台。中间耸立着一棵娑罗树，极具存在感。

被绿色环绕的自然凉台
庭院最里面的装饰墙。在装饰墙的前面设计有石面的凉台，放置着沙发和桌子，是可以和朋友们举办花园派对的空间。从左至右植物依次是伊吕波红叶、龙血树、加拿大棠棣。

鲜花盛开的石制凉台
凉台地面由乱石贴制而成。在这片绿意盎然的树木之下可以悠闲地享受私人空间。树木依次是油橄榄、红叶、山茱萸、光蜡树、日本连香树等。

曲缓的小路，温柔的庭院
从阳台越过花坛看到的庭院。花坛中种的是光蜡树。墙壁的下沿缠绕着的是含羞草的枝叶。

自然之石和树木的绝妙组合
扇形凉台的设计，充分利用了四分之一圆带来的延伸感觉，植被带构成了假山。植物选择了野茉莉、金缕梅、洋水仙等落叶树，可以充分感受四季的变迁。

增添了阳光房后，会让人觉得多了一间屋子。这个设计与杂木庭院也很相衬。

让杂木庭院更有趣的阳光房

阳光房与杂木的组合

"如果庭院中能再有一个房间就好了……"。阳光房便能实现您的这个梦想。不仅能够在夏天遮挡一部分的太阳光线，冬天也暖洋洋的，仿佛多出一间客厅。在阳光房中，不论是聚会、读书，或是与孩子和宠物嬉戏玩闹，总归是"一物多用"。在设计时，不只可以增加一个房间，还可以和杂木搭配，更加舒适。

这座庭院中，在客厅前添加了木平台的部分，并在上面增加了阳光房，成就了这一处私人的小空间。杂木为野茉莉。

在客厅（图片左侧）前增加了阳光房，由于和式房间（图片右侧）前种有杨梅、木斛等常青树，在拓展了客厅面积的同时，也确保了主人的私密性。

用杂木为花园造荫

在花园前面种植杂木，能够制造出树阴，适度地缓和日照，形成极其自然的围挡。杂木选择常青树或者落叶树，夏天形成树阴，冬天落叶后又能充分照射到明亮的日光。

在客厅前设置了花园，用标志树野茉莉来缓和日照。

以露台屋顶作为大面积遮挡的庭院。在不需要屋顶的地方种植杂木。

施工后

施工前

花园改建例子。改建前（右）和改建后（左）。在已有的陶土露台上设置了花园，种植了杂木的庭院。

在花园中享受杂木庭院

建在客厅前的花园，正是与家中一体化的庭院。建花园的时候，不应该将内外分开，应该要带着"在家中就能看到的庭院"的意识去建造。

为能从花园欣赏到的景色而设计的庭院。将石砌、砖块、壁材&木材3种类型的材料以对角线来设置，提高整体的协调性。

从榻榻米房间（日式房间）越过花园看到的庭院。花园的地板采用的是南美产的重蚁木材料。

使用涂墙、砖块、天然石、枕木等材料的西式庭院。当中也加入了很多杂木。童话般的R形（曲线）涂墙、散布着天然石的园中小路等，满是绝妙的配置。明亮的氛围是西式杂木庭院的特征。

清爽明亮的西式杂木庭院

施工后

施工后的全景。被绿色包围着，能感受到风的充满美式风味的庭院。

植物名称
羽扇槭　白桦曾
樱花树　红柳木

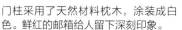
门柱采用了天然材料枕木，涂装成白色。鲜红的邮箱给人留下深刻印象。

施工前
施工前的全景。

　　有名的别墅地轻井泽，建在其一角的有纯白色外墙的T宅。T先生的要求是，建一个与家契合的美式风味的庭院。

　　因此，外部颜色统一为白色。强调了绿色草坪和白色栅栏的对比，打造了具有开阔感的自然乡村风。

　　森林里的树木是最好的礼物。充分地感受着清新的空气、风、阳光，使家和庭院分外好看。

　　环绕着的栅栏是木制的。特意采用了天然材料，并涂装成了T先生最喜欢的白色。门柱也采用了天然材料枕木（新品），涂装成白色。鲜红的邮箱会给人留下深刻的印象。

　　玄关是蒙板混凝土铺设的，打造出了鱼鳞花纹。停车位的地面使用挤压混凝土铺制，美式设计经常使用混凝土材料。在严寒多雪地区，选择能够顺利除雪的材料是很重要的一点。表面进行了防滑加工，确保安全性。

　　主花园是广阔的草坪庭院。原本的树木就任由它们生长，为了营造出草原的氛围，打造了略微隆起的假山，制造出起伏。

　　到了冬天，孩子可以独自玩耍。中心部分的枕木，本是车的转弯空间。由于要打造出自然风，于是把枕木埋了起来。

从大门就可以看到玄关。左侧是庭院，右侧是停车位。

停车位上有应对积雪的车棚（屋顶）。里面设置了收纳屋。

停车位地面采用的是挤压混凝土，美式设计经常使用混凝土材料，表面做了防滑加工，确保安全性。

玄关由蒙板混凝土铺设，打造出了鱼鳞花纹。

从玄关就可以看到门。以黑色为重点。

被绿色包围着，能感受到风的美式风情庭院

施工面积：约396m²
施工期限：约30天
预计费用：约380万日元

环绕着的栅栏是木制的。涂装成T先生最喜欢的白色。

主花园是广阔的草坪庭院。原本的树木任由生长，为了营造出草原的氛围，打造了略微隆起的小山。中心部分的枕木，是车的转弯空间。

大门前有玄关（右侧）和木质板（里面）两个方向。

门周围的远景（下）和近景（左）。外部颜色也统一为白色。强调了绿色草坪和白色栅栏的对比，打造了具有开阔感的自然乡村风。森林里的树木是最好的礼物。

计划的3DCAD（计算机辅助设计）绘图与完成时完全相同，完成了和想象中一样的设计，T先生表示非常高兴。建造之前的想象全都变成了现实，打造出了从心底放松的空间。

用杂木组合进行装扮

欧美风的自然花园
让人联想到美国开拓时代的乡村花园。大门前用枕木和古窑砖打造自然感。标志树木（照片中央）是四照花。代替牧草的草坪是绿油油的。

自然乡村的户外景观
大门前的楼梯将钢制枕木设置为第一阶，在踏板上使用天然石。植物主要有日本紫茎、麻叶绣线菊、碧柳、金丝桃、野扇花、贯叶连翘等。

优雅享受下午茶时间的瓷砖露台
加上以草坪为中心的"绿色"，营造出明亮自然的氛围，是优雅享受下午茶时间的庭院。杂木从左到右依次是具柄冬青、枫树。

自然英式花园
用英国科茨沃尔斯产的天然石围砌起来，营造出富有风味的氛围。树木从左到右依次是棉毛栎、白檀等。

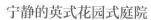

宁静的英式花园式庭院
露台铺上天然石，避免杂草生长。通过压低基石的颜色和隔板栅栏的颜色，形成英式风格。树木从左到右依次是橄榄树、三叶杜鹃、具柄冬青。

涂墙・砖块・天然石・草坪

通风良好的私人花园

通风良好的封闭式庭院。铁木栅栏和瓷砖的外围（带式）将整体紧密结合在一起。

白绿调和

标志树是适合草坪和白色户外景观的桂树。其他的通过组合落叶树和常青树，设法让人能够享受到所有季节的乐趣。杂木从左到右依次是具柄冬青、女贞树"三色"、四照花、蓝莓、光蜡树、桂树。

活用杂木的英式花园

活用现有杂木的英式花园。树木从左到右依次是棉毛栎、枫树、冬青、四照花等。

与北欧风住宅协调的木平台花园

木平台与草坪相连的庭院。中央是白皮喜马拉雅桦。白色树干与建筑物是最佳搭配。

所谓储物室，便是庭院中用作储物的空间。以往常见的铁质储物室往往是无机质的。接下来将为大家介绍与杂木庭院很搭配的时尚储物室。

让杂木庭院更有趣的储物室

FRP材质的储物室，为杂木庭院更添时尚感

面积广阔的木平台深处，放置了储物室。

储物室被放置在木平台的深处，园中种有一棵娑罗树、两棵野茉莉。

以往设计多注重功能

以往的储物室，主要是用钢制。颜色也多以灰色和茶色为主。其价格相对便宜，大小的变化也丰富，耐用性和锁的安全性等方面也是无可挑剔。不过，设计方面目前还未有创新，也没有多余的地方可挂吊篮。

用手工制品搭配出统一风格

近来，由于园艺业的繁荣发展，纯手工的木制储物室已经开始出现。其吸引顾客的一点，便是这种储物室可以定制，大小、风格都可以调整。虽然木制的储物室需要涂刷防腐剂，但保存10年左右也是毫无问题。此外，随着时间的流逝，木制的储物室出现的风化现象也值得赏玩。

兼具设计感与耐用性新式的储物室

下面提到的FRP材质的储物室，在耐用性上丝毫不输以往铁质的储物室，同时在设计上也有很多亮点。新式的储物室不仅价格、设计合理，而且质量也很高。其主体由钢制成，因此十分坚固。同时其装饰为玻璃钢，因此不会像木头一样易腐蚀。再加上可移动的花架和吊篮，效果会更好，与西式杂木庭院也很相称。

"迪斯神奈储物室"

"迪斯神奈储物室"是地道的欧式风格储物室。它很好地结合了木材和砖的质地，设计方案实用又耐用。主体由钢板制成，而门等木质部件由FRP（纤维增强树脂）制成，无须担心翘曲或腐蚀。安装在庭院中便会成为焦点，可以改善整个花园的形象。

木制收纳屋

可爱的原木储物室也是庭院一景。

醒目的储物室

玄关前豪华的储物室，不仅不会破坏庭院的景致，还会让整个家里多一处标志性建筑。

拥有劈柴处的现代杂木庭院

利用广阔的地基支撑的劈柴处。在铁力木的劈柴出也开辟出了可以收纳自行车的空间，可以整齐有序地将自行车整理好。杂木为野茉莉、娑罗树、冰生溲疏等。

时尚的储物室也是完美的"屏风"

木平台上的木制储物室。杂木和木制储物室可以很好地与邻居的空间分割开来。左图为储物室门关闭的状态，右图则为门开时的状态。

说起杂木庭院，便要属和式庭院最为典型。尤其是在雨后，杂木庭院的清幽，也更富趣味。如今，吸纳了现代设计风格的日式庭院，也一定会适合您。

闲适寂静的日式杂木庭院

庭院全景。这是一座可以赏花的和式庭院。路面铺设了花岗岩，更加突出了明亮和宽阔感。

花岗岩材质的铺路石、大块圆形石块和砂岩的组合。

植物名称

长柄双花木　　伊吕波枫树　　冬青

黑松

荚果蕨

高山柏　　砂藓

树木从左向右依次是：柿子树、长柄双花木、冬青、娑罗树等。

施工面积：约46.2m²
施工期限：约14日

可在其中赏花的和式杂木庭院

本案例为花园翻新。K先生的房子南侧，一天中约有半天都照不到太阳。K先生希望，"可以将原本杂木密集的旧庭院，改造为同时可以赏花的日式庭院。"

在构思时，虽然如何利用原有的树木是件棘手的事，但通过将每一株树木都妥善安置，为它们找到合适的去处，问题也就迎刃而解了。

位置没有发生变化的树木，从庭院中远远看去，也成了一处别样的风景。

同时，路面选用花岗岩的铺路石，不仅让路面更宽阔，色彩也更加明亮。庭院深处，还增添了一处用以养花的水钵，屋主人便可在此处赏花。

在原本并没有多少色彩的空间里，我们种上了落叶树属的杂木。同时，在这片小天地里，枫叶染红一角时，赏枫、赏花的乐趣也会更浓。

改造之后，多有小鸟来庭院里玩耍，庭院里的自然景观，平日里料理花草的乐趣，都成了这座庭院能够带给主人惊喜的原因。

鸟儿们也更常来玩耍了。

透过松枝看到的立水栓。

花岗岩铺就的庭院小径。树木从左到右依次是：长柄双花木、伊吕波枫树、常春藤、寒山茶、冬青、紫阳花，树下草为荚果蕨、葡匐筋骨草、红盖鳞毛蕨、金叶过路黄、砂藓等。

在冬青植株下，种植了紫阳花。

将原来的水龙头用切割石进行了重新装饰。

从杂木对面看到的庭院图。像是置身于森林当中。树木为杨桐、三桠乌药、茶树、木瓜、杨梅树，树下草为葡匐筋骨草、红盖鳞毛蕨、虎耳草等。

"和式"氛围，治愈身心

用已有的石材打造不一样的杂木庭院

这是一座拥有百年历史的庭院。我们用充满主人回忆的石灯笼与柱状长石，打造出了一座乡村风与杂木相融合的庭院。在房屋正面，我们将新旧建筑与现代日式格子门和围墙相连。将原本的旧石安置在庭院中的关键区域，并固定摆放间距。

植物名称

伊吕波枫树　伊吕波枫树
常绿四照花
冬青

伊吕波枫树　常绿四照花
伊吕波枫树
圣诞玫瑰　山玉簪

独一无二的立体入口与杂木前庭

在日式房间前面的单色墙壁上，增加了圆形玻璃。为了让主人在室内就能欣赏到风景，玻璃的位置选在了日式房间窗户的前面。深色的木质大门和玻璃设计彰显了独特的现代风格。同时，在花坛的部分，我们选用了更易打理的光蜡树、南天竺、细叶南天竹等常青植物和应季花草，为花坛增添色彩。

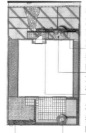

宿根草及应季花草植物丛
南天竺、南天竹、亚洲络石等

乔木：光蜡树　H2.5
LED 聚光灯　2 盏

大号容器
植栽：木贼草

花坛：铺设瓷砖
乔木：光蜡树　H2.5
LED 聚光灯　1 盏

宿根草及应季花草植物丛
新西兰棕麻、香草、腋花千叶兰等

点景石、树下草与杂木共同装点下的庭院

厚重美丽的日式杂木庭院

屏风将天然石材拼贴而成的阳台与庭院分隔开来，不仅能起到保护主人隐私的作用，同时也增添了整座庭院的层次感。树木从左向右依次为四照花和水榆花楸。

（平面图中文字）具柄冬青／房屋／屏风／日本紫茎／步道／草坪／小叶团扇枫／乌樟／四照花

明暗相交，观赏性佳的和式杂木庭院

原有的和式庭院经过改造后，成为和式杂木庭院。上图：停车场深处广阔的杂木庭院，在翻新处重新放置了石灯笼和飞石。下图：新添置的物件与原有的设计需要一些时间来"相互熟悉"。

植物名称

伊吕波枫树
四照花
光蜡树
日本吊钟花
常春藤
石楠花　伊吕波枫树
马醉木
山玉簪

绿意盎然的简约杂木庭院

植物名称

隐身草
枫树
珊瑚木
洒金桃叶珊瑚

图为设置在步道边上蹲踞。水盆选用的是上等的鞍马石，引水筒也是不锈钢材质的定制款。树木为洒金桃叶珊瑚、隐身草、枫树植株等。

涂壁是与杂木庭院十分契合的单品。如果与杂木搭配，即便大面积地使用涂壁，不仅没有压迫感，整体的氛围也十分明朗。

为杂木庭院增添乐趣的涂壁

涂壁与杂木的绝佳组合

涂壁与杂木一同"温暖等候"你归家

如果在涂壁后种上标志树，并在前后种上杂木，压迫感和沉重感会减轻不少，同时也是一处极具美感的天然"屏障"。如果在涂壁下方留出空间用来种植树下草，观赏性便会更上一层楼。景观涂壁会随着经年变化而变脏，但是这也算是其融入大自然的一部分。

绿意满满的步道。装修结束后，随着时间的沉淀，杂木与壁涂便更加和谐了。

涂壁杂木："天然屏障"

图为用涂壁与四照花共同打造的"天然屏障"，将庭院与邻居家巧妙地隔开。被木制围墙包围的涂壁在院子中显得格外沉静。

醒目的涂壁收纳屋

这是一间并不想单纯地将之称为储物间的室外收纳屋。这间收纳屋可以组装，内墙为杉木材质，地板用铁力木制成，基座为罗汉柏木。整座收纳屋底座稳固，地板下也安装有通风口。

> • 涂壁
> 　一种围墙的修筑方法。在混凝土材质的围墙上，用抹子从上至下涂上相关漆料，便可完成。

不论是西式还是和式，涂壁都是庭院中的"常客"。但是，刚刚装修好的涂壁是很漂亮的，而随着时间的推移会逐渐变脏，即使清洗过后也不负往日的美丽。其实这也可以看作是另一种质感的表现，但如果还是很介意，重新粉刷进行翻新也不失为一种方法。

涂壁翻新

翻新后。

翻新前。

翻新时的最佳显色墙衣："生态美墙漆"，最适合用于旧墙壁的翻新，还能放置污渍附着。只需要将基础墙漆、金色和珍珠等各种基液与SK选择颜色（液体颜料，75种颜色）混合便可。

涂壁翻新方法

涂上"生态美墙漆"。

清扫旧涂壁表面。

翻新前（右）与翻新后（左）。使用了"生态美墙漆（EBW-WN257）"。

亲水性涂料膜

雨水

污渍

露天的污垢多含油分。

"生态美墙漆"的"亲水性涂料膜"效果甚佳，雨水等都会越过诸多污垢，浸入其背面。

于是污垢便会脱落。

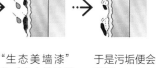

用纳米级超细颗粒"乳液树脂"阻隔污垢。

庭院入口可谓是"整个家的门面。"这里便是一处迎接顾客的十分清爽的地方。用杂木装点玄关前的这部分空间，打造一处漂亮的前庭吧。

玄关前的葱翠迷你庭院

前庭正面全景。前庭中的杂木与周围环境十分相称，仿佛一直存在。

施工面积：约50m²
施工期限：约20日

植物名称

棉毛梣

日本紫茎

腺齿越橘

野茉莉

仿佛早就是房屋一部分的杂木前庭

M先生的新家，由于房屋北侧就是马路，所以整座屋子位于距离马路60米远的高地上。M先生的期望有两点：①需有两处简易停车场供自家和客人使用；②希望有能融入大自然的元素。因此，我们以"处处彰显自然氛围的家"为主题进行了设计。

为了凸显"自然"这一主题，我们采用的方法之一，就是选用各个品种的植物。这样一来，在有限的空间中便能有多种视觉效果。

在这样一个小小的空间中，也能听见孩子们的嬉戏声。让人不得不感叹，庭院真的是大自然的绝佳产物。

树叶绯红的娑罗树。

葱郁的野茉莉。

走在步道上仿佛行走在森林中。

步道选用了天然石材质的平板石。

自家用与客用的简易停车场。

门庭也被诸多自然元素环绕，树木是日本紫茎。

清爽氛围，欢迎归家

直线和曲线加上绿色的可爱庭院

立面是简单的直线和曲线的组合。在简单的设计中，因为弧形墙面和各种植物的加入，整座庭院便洋溢着简约与都市混搭的设计感。门庭下方的植物从左向右依次是金叶大花六道木、"柠檬"卵叶女贞、珍珠绣线菊等。

植物名称

光蜡树　伊吕波枫树　齐墩果树　圣诞玫瑰　六道木　灯盏花

绿意环绕下停车场深处的庭院

留出必要的停车空间，将多余的部分划分处绿植墙与地面，整个停车位都被大自然的气息包围。

植物名称

白蜡树　长柄双花木　加拿大唐棣　少花蜡瓣花

一棵枫树即添华美之感

将枫树作为标志树，种在庭院门前的狭小空间中。木质护板使其更加突出，也让整体更坚固。

植物名称

枫树　南天竹　新西兰棕麻　洒金桃叶珊瑚

清凉摇曳的杂木叶子

绿意盎然的简约都市前庭

庭院入口处的花坛选用了和良石，用自然堆砌的方式表达了石头原有的自然性。树木从左向右为日本连香树、光蜡树植株、野茉莉植株等，是一处绿意盎然的简约都市前庭。

植物名称

清新的绿色外墙

为了与大型单层建筑相匹配，我们挑选了可以烘托出厚重的自然风格的颜色和材料。围绕着条状隔断的钝齿冬青，也营造出了柔和的氛围。

植物名称

凸显房屋建筑的杂木门庭

由于该房屋对面就是车流量较大的马路，所以我们将其中两个停车位设计为斜面（照片左侧）、另外一处停车位则与马路平行（图片中靠前的部分）。树木从左向右依次是：光蜡树、野茉莉、四照花、山茱萸。绿篱为钝齿冬青。

植物名称

所谓步道，是指从庭院门口通向玄关门口的通道，而园路是指庭院与庭院之间的小路。踏上杂木装点下的绿色步道与园路，仿佛走在杂木林当中，让人心情愉悦。温柔的绿色也指引着人们通往玄关和庭院。

可惬意行走的园中步道与园路

从庭院门口处看向步道。步道处使用了大面积的石材拼贴，形状上也采用了曲线的设计。

通往玄关的依旧是步道。白色的建筑物是英伦风格的温室。

施工面积：约99m²
施工期限：约30日
预计费用：约230万日元

坐落在花园小径上的休闲花园

　　I先生的房屋占地面积很大。屋主人将门庭、步道以及庭院的装修工作交由我们负责。I先生的要求有两点：①希望在步道中加入不规则的石材拼贴；②希望采用曲线设计。

　　因此，我们参考了I先生一直以来的想法，在门庭的设计上采用了天然石材的拼贴，也设计了白色的涂壁，同时在涂壁的两侧也用上了I先生准备的彩色玻璃。

　　在门庭后方，我们种植了四照花作为整座庭院的标志树，同时在步道的设计上，也按照I先生的想法，采用了黄色的天然石进行了无规则拼贴，并绕标志树一周，最后通往玄关的方向。在步道宽度的规划上，为了保证轮椅能够顺利通过，也设计得比较宽。

　　宽敞的石材拼贴步道采用了曲线设计，最大限度地满足了I先生最初的要求。

将I先生准备的彩色玻璃用在了涂壁两侧。

门庭后种上了四照花作为标志树。

门口用了自然石拼贴与白色涂壁。

植物名称

娑罗树　白杨　四照花

黄杨

黄色自然石无规则拼贴
而成的步道，绕着标志
树一圈后延伸至玄关处。

曲径通幽

天然素材打造的步道

客厅前是宽敞的草坪，并种植了野茉莉、光蜡树、日本紫茎等三棵树。这些树分别从左、右、正面各个方向成为客厅的"天然屏障"。

天然素材点缀下的园路

通往圆形露台的弯曲花园小径中，采用了天然石材的拼贴设计。在绿色的点缀下，仿佛漫步于树林中一般。树木有杨梅、娑罗树、山茱萸等。

巧用高度差，打造自然步道

图为巧妙利用了地势的高度差的步道，仿佛绕着白色的门庭蜿蜒向上一般。随着步道一路向前，便能看到诸多不同的风景变化。树木为日本连香树、加拿大唐棣，树下草为山茱萸、大吴风草等。

绿色贯穿的玄关与庭院

宏伟的建筑与杂木庭院的精妙搭配
利用铁平石的厚度在墙壁上形成凹凸不平的感觉，从而表现出光的反射和水流。树下草的绿色覆盖了整个缝隙。

植物名称

小叶青冈　四照花　榉树　日本连香树　小叶团扇枫　英迷花　日本吊钟花

让人有归属感的入口
在长步道的接缝处种植玉龙草，标志树为野茉莉。

房屋建筑　小叶青冈　木平台　光蜡树　草坪　野茉莉　步道　停车场

株式会社 Garden TIME

可以感受到山中气息的庭院
走在铺设了飞石的园路上，宛若行走在山野当中。植物自左依次是：马醉木、日本紫茎、小叶青冈、山茶等。

仿佛穿行在森林中的庭院
曲线形状的园路采用了天然石材进行拼贴。由于种植了多种树木与花草，所以给人感觉就好像在森林小道上散步一样。左边的树为四照花、右边为隐身草。花草为栎叶绣球、蔷薇、亚洲络石、紫叶小檗等。

杂木庭院中如果有水元素的加入，则会更富有乐趣。水池和壁泉都是杂木庭院中的水元素体现载体。水流声与倒映在水面中的光影都会给人带来一丝清凉和愉悦感。

抚慰心灵的水景庭院

施工后

翻修后的庭院全景。用现有的平板型花岗岩做出富有现代感的线条。树木为娑罗树、日本紫荆、昆栏树。

施工前

这是一座天然石材及树木等大自然素材与杂木组成的庭院。也是一座随着四季的变迁和经年变化而乐趣丛生的庭院。眼前的树为白檀。

翻修前的庭院全景。

施工面积：约247.5m²
施工期限：约60日
预计费用：约500万日元

高低差与水流并存的杂木庭院

这是一则庭院翻修的案例。屋主人希望最终能呈现出一处自然风格的"生物群庭院"（动植物栖息庭院）。

我们将庭院原有的花岗岩铺路石进行了重复利用，呈现出了地势的高低差，顺利完成了生物群庭院的翻修。

这些用大自然的相关素材搭建的庭院结构，随着经年变化，也会更具风味。此外，周围的树木以及宿根草随着四季产生的变化，也是庭院中每个季节的别样风景。

翻修后，这便成了一座以家庭风景为代表的庭院。

从客厅前看到的景色。

通往小屋的台阶设置在地势较高的地方。这些台阶便是步道的延伸。

正因为植物栽种在有地势差的地段，整体的感觉才更加自然。

庭院中的"生物栖息地"。

施工前

施工后

用碎石堆砌出质感粗糙的石墙。

将已有的树木再利用。

翻修步道前（左图）与翻修后（右图）。两旁的宿根草与护根（保护农田）很好地柔化了直线。

从五行钵盆里流出的水流经露台，便疏通了一条小水渠。后面的挡土墙中使用的碎石也进行了精心的设计，只为最终能呈现出好的效果。

从台阶上俯瞰到的景色。石阶步道将高处的庭院与建筑物周围的庭院很好地连接在了一起，其材料也是将原本就有的铺路石进行了重复利用。石材的大小都是统一的。

行走在杂木庭院的水边木道
水池边的庭院木道与草植。木平台下是乌龟的栖身之所。

享受溪流的绿洲花园
在这座用围墙来阻隔外界视线，保证屋主人隐私的庭院中，我们尽可能多地种植了许多绿植，并打造出一块溪水缓缓流淌的个性空间。这也是孩子们玩耍的乐园、家人团聚的温暖之处。

茶室视角下的杂木庭院
从茶室看向罗照盛水盆。杂木从左开始依次是低木马醉木、冬青、具柄冬青、伊吕波枫树等。

景色乐趣最大化、有木平台和水池的庭院
木平台视角下的现代和式杂木庭院。图中可以远远看到姬路城。杂木从左依次是三叶杜鹃、小叶青冈、鸡爪槭、日本紫茎等。

潺潺流水，叮咚水声

感受潺潺水流的庭院

通过铺路石的直线走向以及贯穿结界的水流来谋求空间的统一。

拥有蹲踞的杂木庭院

采用了日本甲州鞍马石材质盛水盆的蹲踞。具柄冬青树下种有马醉木、白花白芨、山慈菇、富贵草等。

拥有壁泉的杂木庭院

玄关前的小杂木庭院。壁泉处的流水声十分治愈。庭院中种植的杂木有棉毛栎和小叶团扇枫。

> • 结界：佛教用语。
> 为僧侣精心修行而划定的一定区域，并尊为圣地。一般在寺院等地，指寺院内阵和外阵之间的栅栏。

有饮水处的杂木庭院

纯手工制作的陶罐水龙头周围，满满种有植物，也有许多圆石子。左侧为山葵，右侧为胡颓子。

水流潺潺的杂木庭院

杂木庭院当中，以流水经过的石臼为中心，周围采用了多种石头组合、垫木、铺路石等，配有流水的声音，十分治愈。平时虽然看不到水流在哪里，但是却能听到水声。通过调整阀门，可以控制水流从正中央地石块处喷出，或是从壁泉处的石墙那里流出。在设计时还添加了地下水循环，不会造成水资源浪费。

从室内眺望杂木庭院，更有一番风味。从窗口看到的庭院，如同乡村的小自然风景，仿佛在欣赏一幅"画"。此外，从楼上看到的庭院就像"地画"一样，跟平时看到的庭院有所区别，也不失为一种乐趣。

可从室内观景的瞭望庭院

客厅角度下的露台。杂木为娑罗树、四照花、枫树、红柳木，树下草为东芭竹、玉龙草等。

条形木窗视角下的草坪。

和式房屋角度下宅走廊处的草坪。左前方为提灯笼。杂木是野茉莉、马醉木。

二楼视角下的露台。杂木从上方依次是光蜡树、冰生溲疏、棉毛栲。

客厅地板与露台、草木位于同一高度，便成就了位于同一空间中的自然之庭。

座、立、行，多角度下看到的广阔空间

A先生对于庭院的期望是，能有一个从各个房间延展开来、大空间的庭院。

为此，我们有了这样一个设计：打造出一个不论是坐着、站着，甚至是行走过程中，都能保证空间广阔度的庭院。

设计的构想是让客厅地板与露台、草木位于同一高度，成就一处位于同一空间中的自然之庭。在这座庭院中，由色彩变化而产生的乐趣也是随处可见的亮点之一。

娑罗树植株便是客厅的"天然屏障"。

在木平台上放上榻榻米的装饰物，便与庭院有了一体感。

木制围栏上方也设计了红色线条。杂木为糖槭。

木制围栏便是保证屋主人隐私的屏障。

树下草为荚果蕨、山玉簪等。

木制长凳后也是一处植物的小空间。

色彩变化带来的乐趣也是随处可见的亮点之一。红色线条令人记忆深刻。

天然石与伊势碎石的组合。

施工面积：约82.5m²
施工期限：约15日

木平台的角落里也是一处很自然的庭院。杂木为长柄双花木、合花楸、冰生溲疏，树下草为荚果蕨、玉龙草、玉簪花等。

植物名称

紫阳花"粗齿绣球"
大佛塞纪木
长柄双花木

享受从室内看到的景色

隔着木平台看到的杂木庭院

将中庭的一部分木平台去除后,种植了野茉莉作为整个庭院的标志树。甲板中埋入了LED灯,到了晚上便可以欣赏夜间的别样庭院。

舒服的杂木中庭

中庭面向客厅和走廊,由于其决定着整栋房屋的舒适度,为了保证从任何角度看向中庭都能最好看,我们在木装的设计上花了很多的心思。树木从左向右依次是鸡爪槭、野村红叶、日本紫茎。

客厅视角下的杂木庭院

从窗口看向木平台前面的四照花(高4m),给人一种大自然的氛围。同时这株树在夏天也能起到遮阳的作用。

花园房视角下的杂木庭院

图为杂木林中的花园房。秋天,红叶与赤色果实十分美丽,而到了冬天,便又能迎来一场圣诞派对。

二楼视角的杂木庭院

图为从二楼看到的杂木庭院。夏季景致(左)与秋季景致(右)。

角度不同，风景大不一样

不同的观赏角度，庭院会呈现出不一样的风景。比如，外部视角下的庭院、木平台视角下的庭院、室内视角下的庭院、楼层视角下的庭院等。即便是同一座庭院，视角不同，也可以欣赏到别样风景。

从室内看到的庭院

图为从室内看到的庭院。左边的树为伊吕波枫树，右边为三叶杜鹃。

从木平台看到的庭院

图为从木平台处看到的庭院。传统的和式氛围，不使用水、单靠沙石来展现庭院方式的手法，再加上现代的单品与元素，便组成了一幅庭院美景。

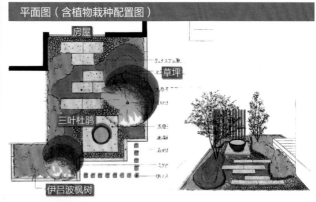

平面图（含植物栽种配置图）

房屋

草坪

三叶杜鹃

伊吕波枫树

从楼上看到的庭院

图为从二楼看到的庭院。紧凑的空间内浓缩了丰富的"愉悦感"，宛若一幅"地画"。

如今在庭院的设计当中，顾客提出最多的就是安装"屏障"。如果能用杂木、围栏、壁涂做成天然屏障，便能打造一座舒适的私人庭院（阻隔了周围，实现只有自己的庭院）。然而，打造私人庭院的一个诀窍，就是设计自然的屏障。

自然私密的杂木屏障庭院

虽然树木数量并不多，但是都有效地利用了起来。树木从左依次是：四照花、齐墩果树、小叶青冈。

用砖块砌成的石像放置台。

植物名称

四照花　齐墩果树　小叶青冈

绿意环绕的私人空间

　　这次的案例是面积较大的S宅。设计团队为这次的大面积庭院专门制定了方案。这座庭院的特点，就是环绕了与庭院本身面积相匹配的大露台、大花坛和大大的圈。

　　种植在大门正面的大型四照花可以让来访的每个人都感受到四季的变化。四照花周围铺了两层拼接石，也有助于打理花坛。

　　为了与整体的庭院风格相称，在将砖块、大圈与晾衣处分隔开来的木围栏的设计上也选用了波浪的形状。

　　此外，由于从玄关处到房屋门口的距离较远，所以添加了斜坡和扶手，同时为了方便汽车通行，也调整了步道宽度。

　　为了安置原本就有的一对男女石像，设计团队与S先生一起思考了很久。最终决定将其中一座作为进门后通向玄关的标志装饰，而另一座则是放在从玄关进入庭院的过程中，同样是作为标志装饰，解决了它们的位置问题。同时，也用砖块垒起了一座四方形的石像放置台。在石像温柔目光的注视下，人心都会被治愈，整个庭院的氛围也十分明亮。

温柔地欢迎每位访客的少年石像。

进入花坛的圆形通道和中心部分种植的四照花。

植物名称

四照花

合花楸

日本吊钟花

施工面积：约198m²	
施工期限：约30日	
预计费用：约300万日元	

注重保护隐私的圆形露台，与将晾衣处和露台分隔开来的木制围栏。

宽敞舒适的庭院时间

杂木掩蔽下的舒适庭院

在房屋面前搭建露台，再用杂木与条纹状的围栏与外界分离开来，可以很好地保护主人的隐私。在这座庭院中，可以一边欣赏围栏旁边的花坛，一边度过悠闲舒适的庭院时光。

用杂木、木拱门和围栏作为天然屏障的起居式庭院

用标志树四照花、木拱门和围栏作为天然屏障。在这里，可以不用在意外部视线，享受园艺。

能听到潺潺流水声的庭院

这是一座有着壁泉、小水池，可以听到水声、让人心情愉悦的庭院。角落处有草坪和杂木（照片左侧）。

天然屏障杂木

涂壁植栽、时尚屏障

涂壁与植栽是一对绝妙组合。杂木从左依次是含笑花"甜红葡萄酒"、红继木、三角叶枫树、三叶杜鹃、鸡爪槭、岩木藜芦、多花桉、四照花等。

天然素材与植栽当作屏障

绿意点缀下的户外景观。通过使用砖头、石头、铺路材料等天然素材和植物，来充当天然屏障。杂木从左向右依次是：棉毛栎、长柄双花木、吊花等。

杂木掩蔽下的舒适露台

在圆形的露台周围种上杂木，便是一层温柔天然的屏障。

用天然素材让建筑物与植物更加和谐统一

由于道路和地基之间有高低差，因此庭院建得尽可能高，而利用倾斜面也会让庭院整体感觉更自然。杂木是光蜡树、红柳木。花草为百子莲、芒草等。

用垫木和植物当作时尚屏障

白色和灰色平板瓷砖打造出充满绿色的时尚空间。树木为娑罗树植株、荚蒾、四照花、加拿大唐棣、野茉莉等。

尽管夜晚的杂木庭院有些寂寞，但如果加上灯光，树影便漂浮在庭院中，完全是同白天不一样的浪漫氛围。灯光下的树梢与树叶随风摇曳，整座庭院便是一方神秘空间。

梦幻树影中的灯光庭院

夜晚的庭院有着完全不同于白昼的浪漫氛围。

施工面积：约119m²
施工期限：约30日
预计费用：约400万日元

昼夜不同风光，有"水流"的庭院

K先生的房子总面积比较大，关于庭院设计，他有以下五点要求：①因为两代人居住在一起，所以希望能有一座在平台上就能感受到四季变迁的庭院；②庭院中能有水流。如果可能的话，枯山水庭院也非常不错；③庭院打理起来不会很难；④庭院中无杂草；⑤有易于打理的杂木。

K先生经历过东日本大地震，所以也有过断水的经历。因此在设计庭院时，我们在院内挖了一口井，可以利用这里的水呈现出一座流水庭院。即便在没有井水的

时候，这也是一座可以欣赏到枯山水风景的庭院。

除了流水的设计，我们还用未经加工的原石打造出了后岸，并与用石材拼成的矮墙一起，花了很多心思做出了一段"间隔"，很好地强调了两处景观的强弱。此外，还进行了简单的区域划分，用杂木类的植物组成了一片被层林，还种了许多生态植栽。

到了晚上，灯光一亮，树影便漂浮于庭院中，可以欣赏到完全不同于白天的梦幻景致。

夜晚的灯光。

用井水打造的流水庭院。树木为具柄冬青、长柄双花木、小叶团扇枫等。

没有水的时候可以欣赏枯山水景致。

除了流水设计，还用原石组成的后岸与石材拼而成的矮墙一起，做出了后岸的"分割线"，凸显不同区域的强弱感。同时用杂木类的植物组成了一片被层林，还种了许多生态植栽。

灯光树影浪漫氛围

可以安享晚年生活的庭院
高台庭园的黄昏景色。充满治愈氛围
的庭院里，灯光明亮。

在正统和式庭院中有效地选择并配置灯光设备，到了晚上便会出现完全不一样
的氛围。我们在悬空的大谷石下面设置了摇晃的照明，用来营造出波光粼粼的
水面感。当灯光从六方石的缝隙中呈放射状穿过时，照亮了院中的伊吕波枫树。

标志树伊吕波枫树在下方聚光
灯的照射下。照明设备是12V
低压电源，具有节能设计，可
以照明和管理多盏灯。

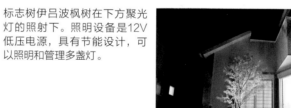

灯光下的凉亭与树木
图为灯光下的凉亭。树木为四照
花植株。

在各种各样的灯光下，杂木仿佛都穿上了美丽的裙装。这是一座灯光多样、值
得一看的庭院。

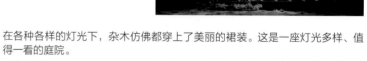

日光房视角下的庭院
从庭院一侧看到的夜间庭院。树木是
珊瑚阁枫树、日本紫茎、柃木。

善用灯光，给庭院另一道风景

点亮灯光，温柔地迎接每位归家人

灯光下的日本连香树正在迎接主人回家。

在标志树野茉莉的灯光树影下，即便是在夜晚也能看到入口处。

虽然只有一处光源，但是在设计时充分考虑到了光蜡树和外墙的距离，树影投射在房屋上，视觉上也会觉得建筑变大了不少。

倒映在墙壁上的梦幻树影
门柱旁种植着高大的枫树作为标志树。晚上灯光一亮，便能享受到完全不同于白天的景致。

白昼夜灯下四季景致变换
夜晚的圆形露台，采用了隐藏在植物当中的间接照明。白天这里也是和爱犬玩耍的地方。

杂木可以作为庭院中的标志树，也是入口处的焦点，或者是在花园中起主导作用的主要植物。以下是一些在最近的造园中很流行的植树实例。

棉毛梣 枝干柔软的魅力杂木

落叶树

■ 科·属名：木樨科梣属 落叶高木　■ 别名：青栲、白荆树　■ 生长地：日本北海道~日本九州　■ 树高：10~15m　■ 花期3~5月　■ 花色：白　■ 日照：向阳　■ 用途：标志树、屏障

月份	1	2	3	4	5	6	7	8	9	10	11	12
树木状态			开花						结果			
修剪												
肥料												

●特征

棉毛梣以作为棒球球拍的原料而为人们所熟知。春天便有无数白色的花盛开。其树形优美，推荐在杂木庭院与和式庭院中作为标志树。

●要点

🌱 种植

种植时间为3~7月与9~11月。主要种植在向阳和湿润的地方。

🌱 施肥

施肥时间为1~2月。可在根部采用堆肥或是腐叶土。

🌱 修剪

修剪时间为12~2月 与6~7月。落叶期为最佳修剪时间。虽然即便放任不管，其本身的树形也十分好看，但最好还是将比较杂的枝干以及多余的地方进行修剪。

清爽的棉毛梣叶。

高耸的棉毛梣。

棉毛梣的树影营造出的清凉氛围。

玄关前有着漂亮干净的棉毛梣，就是天然屏障。

以入口处为中心，种植了棉毛栲作为标志树。

天然石材质的步道旁种植了棉毛栲作为标志树。

入口处的标志树

种植在墙边的棉毛栲。

标志树棉毛栲。白墙绿树，十分相衬。

门墙的后方种植了可看到树梢的棉毛栲作为标志树。

■ 科·属名：冬青科·冬青属 落叶高木　■ 别名：冻青　■ 生长地：日本北海道~九州　■ 树高：10~15m　■ 花期：3~5月　■ 花色：白色　■ 日照：向阳~半阴　■ 用途：标志树

●特点

冬青的成长稍有些缓慢，卵状的形状更受欢迎，与和式庭院很相配。5月开花后，9月便会有红色的果实。又因为冬青是雌雄株，所以如果想要欣赏它的果实，建议同时种植雌株与雄株。

●要点

种植

种植、移植的时间是12~次年3月。在落叶期时就可以将其种植在向阳、排水良好的地方。

施肥

基本不需要施肥，2~3月时用以氮为主的稀薄液肥进行少量施肥就好。

修剪

修剪时间为12~次年2月。因为冬青本身的树形很好看，所以只要在落叶期稍微地修剪掉多余的枝叶就可以。

月份	1	2	3	4	5	6	7	8	9	10	11	12
树木状态			开花						结果			
修剪												
肥料												

冬青植株的树形十分漂亮。

清爽的冬青叶。

初夏时节，白色的花朵便相继盛开。

卵形的冬青树形。

选用大棵的冬青植株作为标志树。其他树木为棉毛栲、吊花等。

入口处的标志树

树皮为灰白色。

在西式草坪的角落里种着冬青，右边是珍珠绣线菊。

客厅前种植的冬青植株就是天然屏障。

作为现代和风门周围的标志性树，种植了冬青。树下草是木贼草、洒金桃叶珊瑚、玉簪花、百子莲等。

在西式庭院的中心建造一个圆形阳台，种上冬青的植株作为标志树。

野茉莉 不加任何修饰就很美的杂木

■ 科·属名：安息香科·安息香属 落叶高木　■ 别名：木香柴、野白果树　■ 生长地：北海道南部~九州　■ 树高：5~10m　■ 花期：5~6月　■ 花色：白色·粉色　■ 日照：向阳~半阴　■ 用途：标志树

●特点
树形本身就很漂亮的野茉莉。野茉莉耐寒、向阳，是一种易打理的庭院用树木，推荐作为西式、和式以及杂木庭院的标志树。

●要点

🌱种植
种植时间为2~3月与12月。种植在向阳、排水好的地方。

🌱施肥
基本上不需要施肥。只需要在4月和11月时，在其周围适量用一些化学肥料即可。

🌱修剪
修剪一般在11~次年3月的落叶期进行。枝条横向伸展，野茉莉的自然树形开放舒展，十分好看，所以只要剪掉不需要的枝条就足够了。

月份	1	2	3	4	5	6	7	8	9	10	11	12
树木状态					开花			结果				
修剪												
肥料												

清爽的野茉莉树叶（左图）与树皮。

在西式草坪的客厅可以看到的地方种植了野茉莉的植株，并将其作为标志树。

在现代和式庭院中种植了野茉莉植株，充当与邻居间的屏障。

壁涂后方种植了野茉莉。树的形状很漂亮，跟植株的大小很搭，看到的人也觉得赏心悦目。

玄关处的"吸睛点"便是种植在这里的野茉莉。到了晚上，倒映在墙壁上的树影摇曳多姿，这便是其魅力所在。

现代和式玄关处的野茉莉植株，树形十分漂亮。

种植在西式草坪中央的野茉莉植株。

种植在墙壁前面的标志树：野茉莉植株。

西式的木平台当中应选用野茉莉作为标志树，这是整座庭院的焦点所在。

木制围栏与野茉莉的天然屏障。

秀丽的野茉莉花朵。等到了5~6月，像这样的白色花朵便会纷纷盛开。

美丽的草坪中央种有野茉莉的植株。

在西式瓷砖的围墙内侧流出了一块种植空间，用来种植野茉莉。

■ 科·属名：枫树科·枫树属 落叶高木 ■ 别名：枫、槭树 ■ 生长地：日本北海道南部~冲绳 ■ 树高：5~15m ■ 花期：3~4月 ■ 花色：白、黄、红 ■ 日照：半阴~背阴处 ■ 用途：标志树

● 特点

槭树是能够代表秋天的树。"槭树"是枫树属的总称，一般俗称"枫树"。

尽管槭树在和式庭院与杂木庭院充当标志树最合适不过，但其实它也经常出现在西式庭院中。槭树可用于园艺的品种有120多种。

● 要点

🌱 种植

种植时间为12~次年3月。种植和移植在落叶期刚结束时进行。一般需要挖一个很大的洞，再加上堆肥和腐叶土便可种植。

🌱 肥料

1~2月施冬肥，到了6月再进行追肥，这时需要用有机肥料。

🌱 修剪

修剪时间为5~6月和11~12月。一般来说，在充分观赏到枫叶之美后再进行修剪会比较好。由于枫树经常会有些枝干生得特别快，所以要从根部将它们剪掉，保证树木内部的枝叶也能接受光照。同时，因为枫树原本的形状就很漂亮，所以不需要过多进行修整。

月份	1	2	3	4	5	6	7	8	9	10	11	12
树木状态			开花							红叶		
修剪					■	■					■	■
肥料	■	■				■						

用小叶团扇枫作为标志树，种植在西式入口处的小花园中。枫叶的颜色十分鲜艳。

槭树与枫树的区别

在园艺领域中，具有深切痕的叶子被称为"枫树"，具有浅切痕的叶子被称为"槭树"，但是，两者通常很难区分。"槭树"是枫树属的总称，"枫树"是它的通用名，在植物分类中可互换使用。

图为羽叶槭的花。属于槭树的一种。这种花向下垂着，十分可爱。4月份花期结束后便会结出果实。

种植在门口的标志树：小叶团扇枫。小叶团扇枫的树形也很漂亮，有了它，便可以欣赏到绿叶变为红叶，感受四季的变化。

入口处的亮点是标志树小叶团扇枫

西式入口处种植着的标志树小叶团扇枫。还种有小蘗、玉簪花、矾根等树下草和灌木。

和式庭院中已经红了的羽叶槭下，种有玉龙草。

庭院的主角是标志树唐棣

在西式庭院的木围墙前种植有原产于中国的唐棣。

现代和式庭院的玄关正面种有小叶团扇枫。树下种有绿苔、无花果、绣球花。

■ 科·属名：枫树科·枫树属 落叶高木　■ 生长地：北海道南部~冲绳　■ 树高：5~30m　■ 花期：4~5月　■ 花色：红色　■ 日照：向阳~半阴　■ 用途：标志树

●特点

树形令人耳目一新，不论是在西式还是日式庭院种都很受欢迎，建议将其作为杂木庭院的标志树。

●要点

种植

种植时间为11~12月。适合种植在排水良好的潮湿处。由于其不耐旱，所以夏季时白天和傍晚都需要浇水，一定注意不要忘记。移植也在11~12月进行即可。

肥料

施肥时间为1~2月。落叶期刚刚结束时，就可以将有机肥料与缓释化学肥料混合后进行施肥了。

修剪

修剪时间为6~7月与12~次年1月。由于其生长速度很快，所以为了保持树的形状要定期进行修剪。

月份	1	2	3	4	5	6	7	8	9	10	11	12
树木状态				开花						红叶		
修剪												
肥料												

清爽的伊吕波枫树叶（新绿）。

红色的伊吕波枫树叶（红叶）。

有着红色花瓣的伊吕波枫树花。

现代和式庭院中，树形漂亮、别有一番风味的伊吕波枫树。风知草的种植过程可以囊括所有的流程。

在杂木庭院中种有伊吕波枫树。初夏景致（左图）与秋季红叶（右图）。

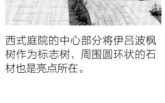
西式庭院的中心部分将伊吕波枫树作为标志树，周围圆环状的石材也是亮点所在。

和式入口处的步道设计了枯山水，还有伊吕波枫树和景石。

在木平台的中心部分种上伊吕波枫树后，原本很容易单调的空间也别有一番滋味。

垂枝龙爪枫 槭树类 | 落叶树

■ 科·属名：槭树科·槭树属 落叶高木
■ 别名：垂枝红枫　生长地：北海道南部~冲绳
■ 树高：2~5m　花期：4~5月　花色：红色
■ 日照：向阳　用途：标志树

●特点

正如其名，枝叶下垂就是垂枝龙爪枫的特点。其纤细的枝叶会随着微风的吹拂轻轻摇曳，极富风情，因此很适合做和式庭院中的标志树。

●要点

🌱种植

种植时间为11~12月。适宜种植在向阳及排水好的地方。

🌱肥料

施肥时间为1~2月。在施冬肥时选用堆肥和腐叶土即可。

🌱修剪

修剪时间为5~7月或10~12月。只需剪掉枯枝和多余的枝叶即可。

月份	1	2	3	4	5	6	7	8	9	10	11	12
树木状态				开花						红叶		
修剪												
肥料												

在和式庭院中种上垂枝龙爪枫作为标志树，灌木为杜鹃花，树下草为扶芳藤、玉龙草等。

现代和式庭院的中庭中，标志树选择了垂枝龙爪枫。灯光也选择了休闲风格。

给人清凉感的绿色垂枝龙爪枫。方格篱笆设计成了L形，用来强调和式氛围。

■科·属名：槭树科·槭树属 落叶高木　■生长地：北海道南部~冲绳　■树高：5~30m　■花期：4~5月　■花色：红色　■日照：向阳~半阴　■用途：标志树

●特点
山枫是常见的槭树种类。带给人清爽感的树形不论是在西式还是和式庭院中都十分受欢迎，最适合用来作为杂木庭院的标志树。

●要点

🌱种植
种植时间为11~12月。适宜种植在向阳、排水好的地方。

🌱肥料
施肥时间是1~2月。在施冬肥时选用堆肥和腐叶土即可。

🌱修剪
修剪时间为6~7月与12~次年1月。山枫本身树形就很美丽，所以只要修剪掉多余长出的枝叶即可。

月份	1	2	3	4	5	6	7	8	9	10	11	12
树木状态				开花						红叶		
修剪												
肥料												

标志树山枫与白色门庭的设计十分吸睛。枝叶的影子投射在墙壁上，又给人很清新的感觉。

变为红色的山枫。

树形极为漂亮的山枫在入口处迎接来客。温柔的树叶在地面上留出了一小块树荫。

翠绿的山枫。很适合作为杂木庭院主树的一种庭院植物。

在作为标志树的山枫下，有一处用古釜砖与熔岩石打造而成的岩石庭院（左图）。夜晚灯光下的景致便又是另一番光景（右图）。

野村红枫 落叶树

■ 科·属名：槭树科·槭树属 落叶高木　■ 别名：野村红叶　■ 生长地：日本北海大南部~冲绳　■ 树高：5~30m　■ 花期：4~5月　■ 花色：白色、红色　■ 日照：向阳~半阴　■ 用途：标志树

●特点
野村红枫是山枫的园艺品种，其特征是叶子的切痕很深。新叶时期叶子为红色，夏天变成绿色，等到了秋天又会重新变回红色。

●要点
🌱种植
种植时间为3~4月。适宜种植在向阳、排水好的地方。
🌱肥料
施肥时间为1~2月。在施冬肥时选用堆肥和腐叶土即可。
🌱修剪
修剪时间为6~7月和12~次年1月。由于其树形会自然长成，所以无需对野村红枫进行过分修剪。

室内视角下的中庭。树木从左依次是：山枫、野村红枫、娑罗树。

树叶已经变红的野村红枫。

建筑在倾斜地面上的庭院，十分具有立体感。图片中的红叶植物为野村红枫。

月份	1	2	3	4	5	6	7	8	9	10	11	12
树木状态				开花						红叶		
修剪												
肥料												

运用了格子元素的现代和式庭院。白天的景致（上图）与夜晚的景致（下图）。通过灯光效果让树木呈现出一种浪漫的感觉。树木为光蜡树、野村红枫、腺齿越橘。

■科·属名：连香树科·连香树属 落叶高木 ■别名：
桂树 ■生长地：北海道~九州 ■树高：25~30m
■花期：4~5月 ■花色：红色 ■日照：向阳~半阴
■用途：标志树、屏障

月份	1	2	3	4	5	6	7	8	9	10	11	12
树木状态				开花						红叶		
修剪												
肥料												

●特点

连香树的树叶是心形的，特别可爱。等到了秋天，叶子便会变成黄色。又因为其端正的树形，所以不论是在西式庭院还是和式庭院，都是很受欢迎的标志树树种。

●要点

🌱种植

种植或移植时间为12~次年3月。等到其落叶期时，选择向阳~半阴的地方种植即可。

🌱肥料

施肥时间为2~3月。将有机肥料等堆肥洒在树木根部即可。

🌱修剪

修剪时间为1~2月与6~7月。由于其本身树形就很好看，所以只需要修剪掉枯枝以及长在一起的枝叶等不需要的枝叶就可以。

连香树可爱的心形树叶。等到树叶变黄后，便会散发出一股焦糖的香味。

种植在露台中的连香树植株。图为落叶期的连香树。

西式庭院中的标志树连香树。

庭院中的主树

庭院一角。树形美丽的连香树植株。

高度20m以上的连香树。受环境影响，图中的连香树生长得很大。

在面积广阔的草坪中央种上连香树作为庭院的标志树。等到树长大，就可以在树荫下读书了。

在庭院的一处角落里种上连香树。可以将图中的长椅作为树荫下的休息场所。

西式庭院的木平台旁，选用连香树为庭院标志树，便是客厅前的天然屏障，同时也会有一些树荫。

在西式庭院的一角，树形美丽的连香树便是庭院中的标志树。等到了夏天，连香树的树荫便能投影在木平台上。

客厅前的连香树不单单只是标志树，它还是天然屏障。树下还打造了一处花坛，种上了应季的花。

院子中的标志树是连香树植株，跟周围的草坪和白色的房屋户外景观非常搭配。为了让主人享受到四季的美景，在落叶树与常绿树的组合上花了很多心思。

为了保证主人在道路旁的隐私，设计师配置了连香树作为标志树，并增添了涂壁。树下用砖块打造了一处小花坛，当中种上了应季的花草。

在中庭前，标志树连香树就是一处天然屏障。连香树树高有4m，因此也很容易有树荫。

标志树便是入口处的焦点

在门柱后方，我们种植了连香树作为整个庭院的标志树，这也很好地充当了玄关处地天然屏障。树下种植了西洋岩木藜芦、圣诞玫瑰等。

在垫木和门柱的后方就是这座庭院的标志树：连香树。其树形美丽，是房屋入口处的瞩目焦点。

■ 科·属名：榆科·榉属 落叶高木 ■ 别名：光叶榉
■ 生长地：北海道~九州 ■ 树高：20~30m
■ 花期：4~5月 ■ 花色：绿色 ■ 日照：向阳
■ 用途：标志树

● 特点

榉树的形状像一把展开的扇子，经常被用来作为行道树。榉树长大后的高度可达30m，因此，除了作为庭院当中的标志树，还很适合种植在需要树荫的地方。

● 要点

🌱 种植

种植时间为3~4月与10~11月。适宜种植在日照、排水好的地方。又因为其树形呈扇形，所以需要一定的生长空间。

🌱 肥料

几乎不需要施肥。

🌱 修剪

在11~次年3月的落叶期进行修剪即可。因其原本的树形就很有韵味，所以不需要过多的打理。

月份	1	2	3	4	5	6	7	8	9	10	11	12
树木状态				开花						红叶		
修剪												
肥料												

图为榉树的树叶。其树叶呈窄窄的椭圆形，但前端较尖，边缘呈锯齿状，叶子的表面是粗糙的质感。榉树的树皮和树根的皮还可以用作染料。

在西式的露台处，设计师将水阀与榉树用砖块围起来，成为一处圆形的休息处。图中在榉树的树荫下，小狗十分惬意。

在入口处种植了一株大榉树（高约5m）。这株标志树叶同时更加强调了玄关处深褐色的门。

设计在高地处的木平台。图中左边的树木为北美红杉，右边为榉树。灯光照亮下的夜景让人仿佛置身于度假酒店中。

面积广阔的庭院中心种有榉树，也是整座庭院的标志树。地面的户外甲板选用了铁平石铺就。庭院中心有一处圆形的烧烤炉，可供多人同时使用。

很多榉树一同呈现出了让人舒服的树荫。

标志树便是庭院的主角

图为和式庭院中心的圆形草坪。将圆形草坪中心的榉树围起来后，也是一处家人可以一起享受的空间。榉树会带来适当的树荫。

光蜡树 最近的标志树中最受欢迎的一种

■ 科·属名：木犀科·木犀属 常绿高木　■ 别名：白鸡油、光叶白蜡　■ 生长地：关东地区~冲绳　■ 树高：15~20m　■ 花期：5~6月　■ 花色：白色　■ 日照：向阳~半阴　■ 用途：标志树、屏障

● 特点

树形清爽、叶面光泽感很好的光蜡树。光蜡树属于易打理、生命力强的树种，因此不论是西式还是和式，都很适合在天然花园或是杂木庭院中充当标志树，但是，因为光蜡树是南方的树种，树木本身的生长期比较早，因此要注意不要让它长得过大。

● 要点

🌱 种植
种植时间为3月和9~10月。适宜种植在排水好、湿润的地方。因其后期会长得很大，所以最好是有一处比较大的地方。移植时间3月是最适合的。

🌱 肥料
基本上不需要施肥。

🌱 修剪
修剪期为3月与8~9月。光蜡树的树形本身就很漂亮，所以不用过度地修剪多余的树枝。

月份	1	2	3	4	5	6	7	8	9	10	11	12
树木状态					开花			结果				
修剪												
肥料												

图为种植在餐厅前的光蜡树植株。其他植物为木香花、乌饭树等。

在面向玄关正面的地方，用光蜡树充当了天然的隔断。

现代和式庭院门前，生机勃勃的光蜡树、香柏树等针叶树。

光蜡树的叶子很有光泽感。

光蜡树作为标志树。在能将房屋出口和门柱两处地方都很好的包裹住的地方种上了光蜡树。树脚处的植物是矾根、白龙草等。

玄关角度下的光蜡树。

二楼视角下的景色。能够看到树形非常漂亮的光蜡树植株。

现代和式庭院门口处的光蜡树植株。在木板的缝隙中看到的绿色更加美丽，这里也是一处迎客送客的绝妙空间。

玄关处的小小空间里的标志树白蜡树。树下草是洒金桃叶珊瑚、法绒花等。

西式露台一角的标志树：光蜡树。

庭院一角的标志树：光蜡树。树下草为迷迭香、玉簪花、蔓长春花等。

在木平台处，用木栅栏和高大的树木（光蜡树）充当天然屏障。白色的凉棚让人眼前一亮。

在与邻居家的交接处留出了植物生长的空间，充当自然屏障。光蜡树的植株将石制露台柔化了不少。

和式庭院中的光蜡树。

日光房一侧种下的光蜡树将它的树荫投射在木平台上。

人工草坪的中心种有光蜡树。

标志树光蜡树的树根处放置了熔岩石。

人工草坪的中心被空了出来，特地种上了光蜡树作为庭院的标志树。

西式草坪庭院中的标志树：光蜡树。

西式草坪中种植的标志树：树高4m的光蜡树。

1

2

3

栽种在木平台前的花坛处的光蜡树。
花草为仙客来、蝴蝶花、三色堇、黄
金菊等。

1 利用起居室前充当标志树的光蜡树
与草坪，让整个庭院绿意盎然。
2 前庭花园，既很好地阻隔行人的视
线，又处处体现自然气息。标志树为
光蜡树植株，植物的柔软处用塑料进
行了包裹。
3 藤架、木围栏和光蜡树都起到了很
好的保护隐私的作用，设计师将整体
设计成了一个三角形。

娑罗树 整洁的白色花朵与光滑的树皮便是其美丽所在

■科·属名：龙脑香科·婆罗双属 落叶高木　■别名：婆罗双、摩诃娑罗树　■生长地：北海道~九州　■树高：10~20m　■花期：6~7月　■日照：向阳~半阴　■用途：标志树、屏障

●特点

娑罗树的花在夏天盛开时与山茶花很相似。娑罗树植株的树形很漂亮，灰褐色的树皮也极富魅力。因此，不论是在西式还是和式的庭院中，都是很受欢迎的标志树。

●要点

🍃种植

种植、移植的时间为12~次年3月的落叶期。适宜种植在向阳~半阴的适度潮湿处。

🍃肥料

虽然适合施肥的时间为1~2月和7~8月，但其实基本上不需要施肥。

🍃修剪

修剪时间为10~次年3月和7月。因为其本身树形就很漂亮，所以修剪枝叶的频率尽可能地低一些为好。

月份	1	2	3	4	5	6	7	8	9	10	11	12
数目状态						开花			结果			
修剪												
肥料												

娑罗树的植株充当了客厅前的天然屏障。

在木平台和露台的交界处种上了娑罗树。

清爽的娑罗树叶。

除白色之外，娑罗树的花有一些还会呈桃色，被称作"黎明前的花"。

木平台的一角种植了娑罗树植株。

客厅前种植的娑罗树充当了一处天然的屏障。

露台处的木条围栏的纹理颜色十分柔和，在这里种植了娑罗树作为标志树。

北欧风格的门前种植娑罗树作为标志树。

作为标志树的娑罗树起到了很好的平衡作用，同时植物和门柱也起到了一定的保护隐私的作用。

娑罗树的树梢长到了二楼客厅的窗边。春季的嫩芽一下子就出现在了眼前。

生长在步道旁边的标志树：娑罗树。树下添置了一处雕塑作为装饰物。

在植物之间穿过的步道形状设计成了柔和的曲线状。标志树是娑罗树。

标志树娑罗树。白色的涂壁成为娑罗树的背景，主角是娑罗树的枝叶。

曲线状的墙壁高低并不一致。墙壁前中只有娑罗树，树下是装点着草坪和绣球花等灌木。

走在步道上仿佛漫步于丛林中。红叶植物便是娑罗树。

标志树是娑罗树。用加工过后的花岗岩将绿色的草坪整个围起来后，更添一种自然质感。

■科·属名：壳斗科·青冈属 常绿高木 ■别名：青栲、细叶青栎 ■生长地：日本东北南部~九州
■树高：10~20m ■花期：4~5月 ■花色：黄色
■日照：向阳~半阴 ■用途：标志树、屏障、绿篱

●特点
小叶青冈也被用于防风林。是一种定期修剪就能生长得很好的庭院树木。也推荐将其当作杂木庭院中的标志树。

●要点
🌱 种植
种植、移植时间为5~6月。适宜种植在向阳~半阴的湿润地方。

🌱 肥料
虽然小叶青冈几乎不需要施肥，但也可以在每年的1~2月冬肥时期添加一些有机肥料。

🌱 修剪
修剪时间为5~7月和11~12月。将多余的枝叶修剪后，可以保证通风。

月份	1	2	3	4	5	6	7	8	9	10	11	12
树木状态				开花						结果		
修剪												
肥料												

西式庭院中的标志树小叶青冈，也可以保护客厅隐私。

将木平台中空出了一小部分用来种植标志树小叶青冈。这边是一处被树木的葱绿治愈的空间。

现代和式庭院中用小叶青冈来作为标志树。其他植物为：野村枫树、沈丁花、南天竺、玉龙草等。

■ 科·属名：桦木科·桦木属 落叶高木 ■ 别名：桦树、桦木 ■ 生长地：北海道~中部 ■ 树高：4~8m ■ 花期：4~5月 ■ 花色：黄绿色 ■ 日照：向阳 ■ 用途：标志树、遮阴

● 特点

白桦有美丽的灰白色树皮，是一种相当受欢迎的标志树。它原本是生长在严寒地区的树木，但是它的亲缘树种，白皮喜马拉雅桦的亚种"jacquemontii"，也可以在温暖的地区生长。

● 要点

🌱 种植

种植、移植时间为2~3月。适宜种植在向阳、排水好的地方。

🌱 肥料

几乎不需要进行施肥。在1~2月冬肥期间添加一些有机肥料即可

🌱 修剪

修剪时间为12~次年2月。修去多余的枝叶就可以了。但是其实可以尽可能不去修剪，其原本的树形就很漂亮。

月份	1	2	3	4	5	6	7	8	9	10	11	12
树木状态				开花						红叶		
修剪												
肥料												

图中北欧风格住宅的庭院中央的标志树：白皮喜马拉雅桦。植株的白色树干与房屋建筑很相称。

西式庭院中的标志树白桦（照片右侧），将花坛的周围环绕起来，增添了整个庭院的游览性。

极富大自然感觉的入口处。从停车场通往中庭的大门旁种有白桦。

图为现代和式庭院的步道。步道穿过五棵"白皮喜马拉雅桦"，一直通往玄关（落叶期）。没有单单只种了一棵白桦，而是同时种下了两棵以上的白桦树，看起来会更漂亮。

在温暖的气候下，应定期护理桦木

施工前

施工后

白桦原本是生长在寒冷地带的树木，因此在温暖的气候下，它的生长速度会更快。铁炮虫很容易进入到白桦中，这是因为其长得很快，所以树木本身还比较虚弱，虫子便很容易在当中繁殖。照片中的白桦也因为最终长得太大，没有得到很好的护理，最终只能拔掉（照片提供：庭树园）。

受到铁炮虫虫害的白桦树。如图所示，如果白桦根部出现白色锯末，并且在树皮上出现虫洞，请立即除虫。

■ 科·属名：冬青科·冬青属 常绿高木 ■ 别名：长梗冬青、刻脉冬青、落霜红、长柄冬青、具梗冬青 ■ 生长地：东北南部~冲绳 ■ 树高：5~10m ■ 花期：5~6月 ■ 花色：白色 ■ 日照：向阳~半阴 ■ 用途：标志树、屏障

●特点

具柄冬青春天时的花朵为白色，到了冬天便会结出红色的果实。由于具柄冬青属于雌雄异株，要想真的领略到其乐趣，一般都选择种植雌株。不论是在西式庭院还是和式庭院，具柄冬青都是标志树的不二选择。

●要点

🌱种植

种植和一直时间为6~7月。种植在向阳~半阴的排水良好的地方即可。

🌱肥料

尽管不需要特别施肥，但是如果可以在1~2月施冬肥的话，到了来年春天树木就会生长得更好。

🌱修剪

虽然具柄冬青的树形本身就很漂亮，不需要过多的打理，但还是可以在11~12月时将多余的枝叶进行修剪，保持良好的通风。

月份	1	2	3	4	5	6	7	8	9	10	11	12
树木状态					开花					结果		
修剪												
肥料												

图中很有高级感的和式入口处，种植了具柄冬青的植株作为标志树。树下种植了杜鹃花。

图中大草坪的中心位置种植了具柄冬青作为标志树。

在面积较大的西式庭院中心，设置了一处种植植物的空间，具柄冬青便是这座庭院中的标志树。

木平台一角处的具柄冬青。树下种植了紫阳花。

现代感的入口处。该庭院中有着漂亮的屋顶平台和木制顶棚的停车处。右侧的标志树便是具柄冬青。

除了入口处的标志树具柄冬青外，还种植了其他植物进行点缀，让整栋房屋的户外景观更加柔和。

和式庭院中的小路旁种植了枝叶很难向两旁张开的具柄冬青。

和式庭院的竖型隔板前便是具柄冬青。秋天结出红色果实的是具柄冬青的雌株。小鸟也居住在此。

简约都市风的房屋户外景观下，用设计好的格子来充当屏障。利用具柄冬青作为标志树，很好地保证了室内的隐私。到了晚上，便会通过灯光来照亮标志树。

夜晚的步道。灯光下的树木便是具柄冬青。

白檀 薄而细腻的叶子很受欢迎

■ 科·属名: 山矾科·山矾属 常绿高木 ■ 别名: 乌子树 ■ 生长地: 关东~冲绳 ■ 树高: 5~10m ■ 花期: 3~5月 ■ 花色: 白色 ■ 日照: 向阳~半阴 ■ 用途: 标志树、屏障、绿篱

●特点

白檀的特点就是叶子十分柔嫩。其树枝和树叶的灰被用于染色。又因为白檀本身树形就很漂亮,所以不论是在西式还是和式的庭院中,都是屏障、绿篱、标志树的最佳选择。

●要点

🌱 种植

种植时间为6~7月。适宜种植在向阳、排水良好、土壤肥沃的地方。

🌱 肥料

施肥时间为6~7月。肥料选择有机肥料。

🌱 修剪

最适宜修剪的时间为3~5月与7~8月,但是白檀生长速度较慢,基本上不需要修剪,享受它原本的魅力就好。

月份	1	2	3	4	5	6	7	8	9	10	11	12
树木状态			开花									
修剪												
肥料												

现代和式庭院入口处,作为标志树的白檀便是亮点之一。树下种有: 腋花千叶兰、吉祥草、花爪草(针叶天蓝绣球)等植物。

图为白檀薄而细腻的叶子。在原产于日本的绿叶阔叶树当中,白檀的树叶是最为细嫩的。

种植在木平台某处的白檀。

瓷砖材质露台的角落里,种植了白檀作为屏障。

木平台的一旁,白檀正在迎接每一位到访的客人。

标志树是入口处的焦点

有着漂亮白色花朵的常绿树白檀是庭院中的主树。

图为标志树白檀。其枝叶细嫩、树形优美，与自然风格的入口处十分相称。

露台一侧的植栽处种有白檀。

铁树材质的围栏与白檀一同充当屏障。

为了能够在露台中欣赏植物，在花盆里也种上了白檀。

玄关前的草坪中央，白檀就是天然的屏障。图中白檀的影子刚好投射在矮墙上。

■科·属名：山茶科·紫茎属 落叶高木 ■别名：天目紫茎、旃檀、马骝光 ■生长地：东北~九州 ■树高：3~10m ■花期：6~8月 ■花色：白色 ■日照：半阴 ■用途：标志树、屏障

●特点

日本紫茎给人感觉很清爽，所以很适合自然风格的庭院。其植株生长速度较缓，树木的整体也不易变形，很适合种植在空间不大的地方。

●要点

🌱种植

种植时间为3~4月与10~11月。日本紫茎不喜干，需要种植在半阴的湿润处。

🌱肥料

在1~2月施冬肥时，将氮肥及化学肥料施在其根部，等到7~8月花期过后，再进行化学肥料的添加。

🌱修剪

修剪时间为10~次年3月。因日本紫茎属于本身树形就很漂亮的树种，所以修剪的频率一定要保持在最低，只需要剪去多余的枝叶即可。

月份	1	2	3	4	5	6	7	8	9	10	11	12
树木状态						开花				∨		
修剪												
肥料												

石英石的露台中央种植了日本紫茎的植株。作为庭院当中的标志树，非常显眼。

在空间并不大的庭院一角，种植了日本紫茎的植株。

在木平台前种植了日本紫茎的植株作为天然屏障。红叶也十分漂亮。

日本紫茎作为庭院的标志树，给院子中带来了一丝树荫。

在竹帘屏障围成的和式庭院一角，种植了日本紫茎。

这所客厅花园中，微风沁人心脾。紫茎的树荫也增添了一丝清凉感。

和式庭院的步道旁种植了日本紫茎和桧叶金发藓。

西式庭院入口处的日本紫茎。树下种有杜鹃花。

标志树日本紫茎连同其他许多杂木一起，打造了一处极具自然气息的入口。

图中门壁的后方，种植了日本紫茎作为屏障。图中靠里的植物为小叶青冈。

图为现代庭院入口处。在这处并不大的花坛中种有日本紫茎，这也是入口的一处亮点。

图中步道靠近楼梯处种植着一株日本紫茎作为标志树，为玄关处增添了一抹亮色。

图为西式庭院的入口处。开门便有一株日本紫茎迎接。

图为将曲线元素融入设计中的西式庭院入口，十分可爱。标志树即为日本紫茎。

在西式房屋的玄关前，种有日本紫茎的植株作为标志树（上图）。到了晚上灯光亮起，回到家就能看到一株温暖的树在门口迎接你（右图）。

四照花 其花朵、果实、红叶都极具观赏性

■科·属名：山茱萸科·山茱萸属 落叶高木 ■别名：山法师、山荔枝 ■生长地：东北~九州 ■树高：5~7m ■花期：6~7月 ■花色：白色、粉色 ■日照：向阳~半阴 ■用途：标志树

●特点
四照花一般在初夏时节开花。看起来像花瓣的是花被，到了秋天花被也可以食用。由于四照花树形漂亮，红叶又极具观赏性，所以它也是西式、和式、杂木庭院中标志树的不二选择。

●要点
🌱种植
种植、移植时间为3~4月和10~11月。需种植在向阳~半阴且排水良好的湿润处。

🌱肥料
施肥时间为2~3月。在施冬肥时可在根部采用堆肥或是腐叶土。

🌱修剪
修剪时间为2~3月和9~10月。因其本身树形就很漂亮，所以只需要修去多余的枝叶即可，频率不宜过高。

月份	1	2	3	4	5	6	7	8	9	10	11	12
树木状态						开花			结果			
修剪												
肥料												

图中入口处采用大面积的石砌，并且种植了四照花作为庭院中的标志树。满目新鲜的绿色欢迎每位访客。

结果时期的四照花（左）与果实（上）。这种会结果的树木不要在花期后修剪，可等到果实成熟后再进行。如果想要果实生长得较好，推荐使用含钾的化肥和骨粉。

自然风的庭院中心，有一处圆形的花坛，当中种植的便是四照花的植株。

和式庭院中庭里，四照花的美丽红叶。位置选在了从玄关的圆窗处可以看到的地方。

木平台前的花坛中，四照花植株扮演了屏障角色。靠里的植物是南天竹。

西式庭院的主花坛中种植了落叶树四照花植株。夏季阴影良好，冬季阳光充足。

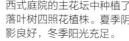

西式庭院入口处。标志树四照花就是这里的亮点。

在四照花的点缀下，图中庭院的入口处变得更加明亮。

停车处的矮墙中也种植了四照花作为标志树。

和式庭院的入口处，标志树四照花便是亮点。

利用曲线点缀，让图中的西式庭院入口更加活泼可爱，标志树为四照花。

瓷砖材质露台一旁，也种植了四照花作为庭院的标志树。

标志树是庭院中的主角

起居室前，用四照花和藤架遮挡阳光。

在斜面上围起来的植株就是高木植物四照花。由于树丛的高度较低，衬得四照花更加突出。

为了保证主人的隐私，选择种植高木四照花。

图中的四照花不仅可以很好地阻隔来自路边的视线，也能够保证房屋视角下的景色。

图中的起居花园采用借景的手法，将远处的山群纳入了庭院中，四照花也是整个庭院中的标志树。

藤架前的四照花在灯光下，营造出一种浪漫的氛围。

图中庭院面积较大，在起居室前的圆形露台中间种有四照花。

打造杂木庭院的必备知识

杂木的种类、性质、种植方法、维护技巧等信息。

通过落叶树来感知四季变迁

　　尽管杂木当中的常绿树、落叶树都会用作庭院的装饰，但是在培育植物的过程中，季节感知最为明显的，还要数红叶漫天的秋季。当然，说起红叶，槭树类是毋庸置疑的代表，但是在我们身边也有一些更为熟悉的乔木，同样可以让人感受秋天的美丽。右图便是常用到的杂木品种：四照花。左图为花期时节的四照花，还未到红叶季。右图是已经满是美丽红叶的四照花。虽然只种下了一株，但是却已经能从中感受到四季的变化。除此之外，合花楸、羽叶槭、毛果槭等都是不错的选择。

开花期的四照花，还未到红叶期。　　已满是红叶的四照花，十分美丽。

杂木植株就可营造出华丽感

单株的四照花。　　四照花植株。

　　所谓植株，是指可以从单株的树干中长出多处枝干的形式，许多种类的杂木树形都十分美丽。同时，在一些空间并不大的庭院当中，更常采用单株杂木。种下一处杂木植株，整个庭院也会变得华丽起来。

高低杂木的绝佳组合

图中便是高木日本紫茎与矮木蜡瓣花的绝佳组合，同时这也成为保护主人隐私的天然屏障。如果采用常绿树作为屏障，邻居家的采光便会受到影响，因此选用了落叶树日本紫茎，不仅解决了邻居家的采光问题，也保护了主人的隐私。

　　在杂木中，有着树高3m以上的高木，也有树高在0.3~1.5m左右的矮木（主要以灌木为主），设计时如果将两者相结合，整个庭院就会更有层次感，更加立体。

不同的杂木种类，多彩的赏叶乐趣

图中靠里是鸡爪槭，近一些的是野村红枫，下方是猩猩枫。

猩猩枫，绿叶与红叶的强烈对比。

同一种类的落叶树，根据红叶颜色程度的不同，种植后庭院的风景会更佳。左图中靠里的植物是鸡爪槭，更近一些的是野村红枫，下方是猩猩枫。如图所示，保证多种植物的红叶时期在同一时间段变色是相当重要的。同时，一些植物的叶子本身就是有颜色的，如图中的猩猩枫。在这样的庭院中，我们可以享受到绿叶与红叶的对比感，既可以赏花，又可以在秋季时欣赏到多样的红叶。

★树叶带有颜色的植物举例：
粉花绣线菊、英蒾叶风箱果、铜叶长柄双花木等。

享受常绿树、落叶树、树下草的绝佳组合

如果在落叶树的树下配上常绿树，就能很好地中和冬季的寂寥。此外，将树叶颜色不一的树下草穿插种植，比如岩木藜芦、芙蓉菊、铜叶长柄双花木等，就可以随时、随地体会庭院的魅力。

选择包根严密的杂木

树根坚实的植物日后开出的花也更加漂亮。因此，包根严密与否十分重要。另外，在进行栽种时不需拆除包根处的蒲包、麻袋、绳子等包装，一起种下去即可。这些包装基本上在两个月左右就能自然腐化。如果拆除这些包装，不仅树根会受到伤害，栽种之后也容易被风吹倒。

包根严实的树木（左图），挖掘作业中（右图）。

带着包根一起移植有利于植物根部生长

移植时，就算是最为简单的包根，都会让植物的根部在后期生长得更好。

包根严密的树木（左图），挖掘作业中（右图）。

植栽根部的圆形留土设计面积最好大些

在圆形的留土空间中种植杂木时，圆的面积越大越好。以右图为例，由于图中娑罗树根部圆形设计区的土壤很少，所以娑罗树在第三年的夏天就枯萎了。因此需要讨论是否更换杂木的种类，或是扩大底部圆形区域的面积。

（上图和左图）面积大小适度的圆形设计，杂木是四照花。右图中，也是由于根部圆形面积太小，所以在第三年的夏天，植物都枯萎了。

修剪杂木要果断

如照片所示，在打理常绿树时，要尽可能将叶子修剪得清爽，保证通风。

施工前

施工后

图为客厅前的植物空间。落叶树野茉莉（图片中靠前）与属于常绿树的红叶石楠的枝叶繁茂，导致无法从窗口处看到窗外的风景。

因此，将野茉莉的树枝进行修剪，并将红叶石楠的高度修剪至原本的一半。修剪之后，室内的采光好了很多，防盗效果也有所提升。

标志树和绿篱在刚刚种好时，还无法彰显出杂木的魅力。但是，一段时间过后，树木长得过大，不仅影响植物本身的光合作用，也容易发生虫害，同时也会给周围环境带来不好的影响。这时候，修剪工作就十分必要了。但是，修剪常绿树时要更慎重一些。在打理常绿树时，冬季定期修剪很重要，要尽可能地对树叶进行修剪，保证通风良好。如果使用修枝剪刀，就无法修剪到位于中间部分的枝干，从而导致的通风不畅又会引起枯枝的增多。一些大型的杂木或是打理起来很费劲的工作可以交给专业人员，我们也可以在自己能做到的范围内进行修剪。

杂木修剪准则
常绿树：5~6月和9~10月
落叶树：7~8月和11~次年3月

大型杂木的移植交给专业人员更妥善

图为用绳子缠绕树干，并用粗木进行支撑固定的例子。　正在移植大型树木。

移植大型杂木的工作交给专业的工作人员更加妥善。如果错过了移植季节，一般会用绳子缠绕树干，用粗木进行支撑固定，从而达到防风、稳固的效果。

锯掉粗壮的枝干后涂上保护材料

刚刚锯掉粗壮枝干后的状态（右图）、在切口处涂了保护材料后的状态（左图）。

在锯掉粗壮的枝干时，为了保护切口，一般会涂上一层蜡或油漆。这是为了防止害虫侵入，同时有助于帮助树木的表皮尽快恢复。同时，这一举措也能有效防止剩余部分的水分蒸发。

代表性
杂木、地被植物和苔藓

杂木庭院当中的植物构成包括：杂木、树下草和苔藓，其中苔藓主要用于和式杂木庭院。

所谓杂木，是指自然生长于山中的天然木。具有代表性的杂木有：桃叶珊瑚、红柳木、冬青、棉毛桉、水榆花楸、伊吕波枫树、野茉莉、日本连香树、铁冬青、木兰、枹栎、小叶团扇枫、樱花树、紫薇树、光蜡树、娑罗树、白桦、具柄冬青、三桠乌药、杜鹃、南天竹、白檀、日本紫茎、金缕梅、四照花、鸡爪槭，等等。

杂木

常绿树与落叶树

常绿树是指一年当中都有树叶的树种，落叶树则是指在某些特定的季节叶子便会枯萎的树种。阔叶树与针叶树当中都包括常绿树和落叶树。当秋天快要来临，温度开始下降时，落叶树的叶子便一下子都掉了。但是在这个时候。也有许多树木会满是红色或黄色的树叶，十分漂亮。虽然常绿树的树叶也会掉，但是由于其旧叶新叶交替，常年都是枝繁叶茂的状态。一部分树木会因为气温等因素的影响而表现出落叶树的特征，被称为半落叶半常绿树。

高木与矮木

所谓树高，是指树木长成时距离地表的高度。根据树高，树木被分为"高木""小高木""矮木""小矮木"四种。高木当中，树高在10m以上的属于杂木。5m~10m的为小高木，5m以下的为矮木，1m以下则为小矮木。但是，由于树木的生长气候及土壤性质等环境的影响，一些树木的划分并不完全按照以上所述。此外，还有另外两个特征依据：植物顺着地面生长的匍匐性；因自己本身无法站立而必须依附于其他杂木进行生长的依附性。

阔叶树与针叶树

阔叶树的叶子宽阔，针叶树的叶子似针尖、鳞片。阔叶树既有常绿性，也有落叶性。针叶树大多数有着常绿树的特性，也有极少部分属于落叶树。

阳树与阴树

顾名思义，喜阳的树称作阳树，在阴面也可以生长的树即为阴树。由于阳树更喜欢阳光，因此它相对耐干燥，但在阴影区域（例如，其他树的根部和建筑物的阴影）中就会生长不足。但是，像洒金桃叶珊瑚这样的品种，如果光照太强，反而不利于叶子着色，因此也有一些像罗汉柏、日本铁杉这种不喜阳的树种。

中庭的槭树和桧叶金发藓让整个庭院都洋溢着绿色。

杂木

苔

地被植物

冬青

冬青科的落叶高木，树叶薄且柔软，是西式庭院中很有人气的一款标志树。花期是3~5月，花色为白绿色。

多枝怪柳

怪柳科的落叶高木，别名为红柳。春天时就能欣赏到绿叶，等到了秋季又能欣赏到红叶、感受随着季节进行变化的这份乐趣。花期为4~5月。因其本身树形优美，秋季红叶美丽，很适合在西式与和式的杂木庭院中作为标志树。

珊瑚木

忍冬科的常绿矮木，是一种在阴面也能成长很好的贵重庭院树种。因其并不太高，所以也经常在和式庭院中，作为根株旁的花草（衬托主要植物的地面覆盖物）。其中叶子呈白色或者黄色，且有斑点的更受欢迎。

野茉莉

安息香科的落叶阔叶小乔木，其本身树形就很漂亮。花期为5~6月，花的方向向下。野茉莉本身的树形就十分漂亮，到了初夏时节，便会开出许多白色的小花朵，像挂在枝头一样。又因为其生长速度很快，不需要进行过多的修剪，很适合在木平台前制造树荫。

伊吕波枫树

槭树科的阔叶落叶高木，春天的绿叶和秋天的红叶都相当漂亮。枫树当中有很多的品种，红叶中有黄色也有红色，叶子的形状和树形也很具有观赏性。正因为它本身树形就很漂亮，所以很适合作为标志树。种植、移植、修剪，都适宜在落叶期刚结束后进行。

水榆花楸

蔷薇科的落叶高木，因其树叶形状窄、细，所以给人一种清爽感。果实与小豆梨很像。水榆花楸的花期为5~6月，不论是单独种植，还是跟其他杂木一起种植，都极具观赏性。

皱叶木兰

木兰科落叶高木，其白色的花朵就是向人们宣告春天到来的信号。同时这也是一种具有很强的生命力、易于打理的杂木。待其长大之后，不管是用于庭院当中的标志树，还是在树下纳凉，都很适合。花期为3~4月，届时会有许多白色的花朵盛开。

铁冬青

冬青科常绿高木，很适合用做和式杂木庭院的标志树。因其树形较大，所以也需要比较大的生长空间。铁冬青可以修剪，但其实它们原本的树形就很漂亮。铁冬青的花期在5~6月，其红色的果实也会在庭院中吸引来很多的小鸟。

日本连香树

属于连香科阔叶落叶高木，生长速度很快，心形的树叶也是连香树的特点之一。花期在4~5月，花朵呈红色。秋天树叶会变成黄色。在种植环境方面，连香树喜阳，在半阴的环境中也适宜生长，而且不论在何种土壤都能很好生长。其种植时间在其落叶期结束后，不在严冬时节进行播种。因其本身树形就很漂亮，所以只要适当进行修剪即可，十分适合用作西式以及日式庭院中的标志树。

紫薇树

千屈菜科的落叶高木，花期为每年的7~9月间。其树皮光滑，呈红棕色。

樱花树

蔷薇科的落叶高木，十分适合为和式庭院增添一抹春的色彩，也很适合用做标志树。其品种也十分丰富，包括山樱、江户彼岸樱花等100多种。

小叶团扇枫

槭树科的落叶中高木，成长迅速，也能经受得起多次移植。花期在3~4月，到了秋天就可以欣赏它美丽的红叶。

白桦

桦木科落叶高木，让人联想到高原的白色树皮也是白桦的特征。白桦是很受欢迎的一种标志树。白桦原本生长在高寒地带，但其实在温暖的地区也能生长得很好。

娑罗树

龙脑香科落叶高木，其树形十分美丽，又名波罗叉树。娑罗树很耐旱，初夏时节会盛开白色的小花，到了秋天也会有鲜艳的红叶。

光蜡树

木樨科常绿阔叶高木，原本的生长地理位置偏南方。虽然光蜡树经常用作西式庭院的标志树，但是也需要比较大的生长空间。在它长大之前，只需要修剪掉一些比较杂乱的枝叶即可。其花期在5~6月，会开出圆锥形的白色小花。

杜鹃

杜鹃花科常绿、落叶矮木，是为初夏时节的庭院增添华丽色彩的代表性花木。杜鹃很适合进行修剪，也能将其修剪成各种各样的形状，比如小的花坛和矮墙。照片中的植物为三叶杜鹃。

三桠乌药

樟科落叶矮木，也称甘橿。其叶子尖端呈三个部分，花期在每年的3~4月，届时会开出黄色的小花，在秋天不仅有美丽的红叶，也会结出黑色的小果实。因其本身树形就很漂亮，所以不需要进行过多的修剪。

具柄冬青

冬青科常绿高木，树叶会随风摇曳发出沙沙声。花期是5~6月，会开出白色的花朵。其果实成熟的季节是在每年的10月份左右。

日本紫茎

山茶科常绿阔叶高木，比娑罗树略微小一些，但成长十分迅速，小小的植株也能很快长成漂亮的树形。夏季会开出类似于山茶花的白色花朵，秋季也可以欣赏到它美丽的红叶。种植日本紫茎，最好是在其发芽前的2~3月，因其不耐旱，所以堆肥和腐土的工作要做到位。

白檀

山矾科常绿高木，纤细的树叶是白檀的魅力所在。花期为3~5月，因其枝叶在焚烧后可以用来染灰色，所以也日语中也称为"灰木"。树形本身就很漂亮，所以不管是在西式还是和式庭院，白檀都很适合作为屏障、矮墙、标志树。

南天竹

小檗科常绿矮木，因其有着"驱逐霉运"的说法，所以在庭院中很受欢迎，而且被用作和式庭院中的矮墙等的历史十分悠久。南天竹花期在5~6月，秋天时，其成熟的红色果实也是野鸟喜欢的食物。

鸡爪槭

槭树科落叶高木，生命力顽强，在半阴的环境中也能很好地生长。因其本身树形美丽，所以经常用作西式与和式庭院中的标志树，也十分适合面积较大的庭院。等到了秋天，也能欣赏到美丽的红叶。

四照花

山茱萸科的落叶阔叶高木，生长速度迅速，也常被用作庭院中的标志树。更重要的是，四照花不用修剪也拥有美丽的树形，大约在5月会开出白色的花朵，秋季也有着很美丽的红叶。四照花也分为常绿四照花和落叶四照花，品种也很多，其中红花四照花在8月也会结出红色的果实。

金缕梅

金缕梅科落叶高木，是一种有着白色的树皮，并在早春时节开出黄色花朵的杂木。花期是每年的2~3月，也有人叫它"早春花"。金缕梅白色的枝、绿色的叶，以及到了秋天时变黄的树叶，都让人觉得赏心悦目。因此，金缕梅也常被用作和式庭院中的标志树和矮墙。

地被植物

所谓地被植物，是指作为树木、石灯笼、庭院石等元素的补充，种植在低处的草本类植物，除此之外，灌木、竹类、蕨类等植物也被认为是地被植物。举例来说，草本类植物中的玉龙草、吉祥草，灌木类中的紫金牛、枸橘花，竹类中的倭竹，蕨类中的日本蹄盖蕨、荚果蕨等也都被当作地被植物。

玉簪花

百合科多年生草本，在半阴环境下也能很好地生长，也常常用作庭院中设计的边缘装饰。

吉祥草

百合科的常绿多年生草本，叶子细长，梢头很尖锐。

箬竹

乔本科常绿灌木，在向阳处也能很好地生长，很适合做地表装饰。

玉龙草

百合科，在向阳处生长迅速，适宜种植在无苔藓的地方。

白芨

兰科宿根草，其椭圆形叶子就是其特征。初夏时节便会盛开美丽的花朵。

石菖蒲

天南星科常绿多年生草本，在向阳处也能很好地生长。

蜘蛛抱蛋

别名一叶兰，天门冬科多年生草本，带有花纹的常绿光泽的大叶子是它的特色。适宜在半阴处生长。

木贼草

木贼科常绿多年生草本，直立状态下持续生长是它的特色。

大吴风草

菊科常绿多年生草本，半阴环境下也能很好生长，每年11月份会开出美丽的黄色花朵。

禾叶土麦冬

百合科常绿多年生草本，其叶细长，部分叶面带有斑点，夏季到秋季间会开出紫色的麦穗状花朵。

小杜鹃

杜鹃科常绿多年生草本，夏季到秋季间会开出带有斑点的紫色花朵。

富贵草

黄杨科常绿灌木，叶尖有锯齿状的切口。适宜在半阴处大面积种植。

青苔

青苔是地衣类植物中的代表，是和式杂木庭院中不可或缺的装饰素材。地衣类植物是覆盖整个地面、低矮植物的总称，是地表植物的一种。

砂藓

砂藓是一种生活在沙土中比较高大的苔藓类植物，喜阳耐旱，群落植物。会给和式庭院中增添一份宁静感。

桧叶金发藓（杉苔）

群生于略湿润的环境中。也可以进行嫁接、盆植，欣赏其多样的美丽。

曲尾藓

曲尾藓科植物，喜阳，其特征是葱郁的绿色。

万年藓

万年藓虽然喜阳，但是也不适宜生长在过于潮湿的环境中。它在略微干燥的环境中也能保证其绿色的状态。

桧藓

其蓬松柔软的户外景观颇具吸引力。喜阴、不耐旱。

大灰藓

喜欢阳光稍好的地方和草原等地透过树叶空隙照进来的阳光。

球形山苔（桧叶白发藓）

不论是室内装饰还是作为和式庭院中的点缀，都很受欢迎。配上花盆或是放在踏石上，都很好看。

桧叶白发藓

喜阳的白绿色苔类植物。仅靠空气中的水分就能很好地生长。因其极具代表性的外观，经常会给杂木庭院中增添不一样的色彩。

泥炭藓

一种吸水性非常强的苔类，也被认为是天然除湿植物。喜阳，不耐旱。

有一些苔藓喜阳、耐旱，有些适宜在潮湿的环境中生长，也有一些可以用于屋顶绿化、荫地花园、地被植物。同时，苔藓也可以做成棕榈垫或网垫的形状，用于庭院当中。

棕榈垫

棕榈垫的基本结构采用结实的纤维编制，上边再种上绿苔，所以很轻，也很容易打理。最适合用于屋顶绿化。

网垫

这种片状的苔藓很容易进行加工，也常用来做地被植物或者屋顶绿化。这种网垫的基底也是泥炭苔，再用网格做定型，所以就像一块柔软的丝绸，因此与凹凸不平的地面很贴合，也会很自然地固定在土壤上。

和式庭院中的绿苔。

杂木庭院打造流程

打造杂木庭院的流程和盖一栋房子的流程一样：先有一个大致的画面、确定预算、选择施工团队、针对施工计划和设计成本进行讨论后，开始施工。最后，如果顾客对整体的完成效果感到满意，就可以付款，完成交付。关键是要尽可能多地实地观察，制定出一个严密的计划，找到可靠的施工公司签订合同，再把整个建造工作交给对方。接下来就介绍一下杂木庭院装修设计的流程。

1 通过杂志或样板间确定大致风格

高秀股份有限公司的展厅。

实地考察最重要

首先，我们要对自己想要的杂木庭院有一个大致的风格方向，认真考虑您的目的，就是指新庭院装修或是翻修庭院时，结合孩子的成长需求，根据自己的期望，好好地思考想要一处怎样的庭院。其次，要提前对整个施工空间有一个大致的把握。您可以从房屋杂志中选择自己喜欢的建筑实例，或去房屋户外景观设计的展览现场查看实际情况。在这个阶段，最好可以带着自己的期待和天马行空的想法去参观。

2 决定大致预算

高秀股份有限公司推出的庭院翻修合作贷款。

自己来做决定

决定预算。但如果是购买了土地后花了一番功夫建造了独栋的房屋，并因为登记等各种手续或是贷款支付而焦头烂额的人，还是需要在费用上更加冷静一些。因为装修杂木庭院，根据庭院的规模和标准的不同，都会产生一些计划外的费用。所以，大家要根据实际情况进行合理的预算预设。而对于装修人员来说，能够提出"希望用100万日元完成庭院装修"的顾客，装修方案落地会更加容易。如果所需资金金额较大，可以考虑采用"工程分割"的方式。同时，合作贷款也是一种办法。

3 选择装修人员

施工实例照片及报价样本。

确认装修实例

预算决定好后，就要选择装修人员了。如果是新盖的房子，有时候装修公司也会给顾客推荐介绍，但是没有必要完全听从对方的建议。重要的是要去实地看一看该公司以往的装修案例。虽然在一些装修公司的官网上也可以看到以往的装修案例，但是如果您附近就有他们曾完成的设计，最好去实际看一看。如果选择的时候还有些犹豫，最好的方法就是根据对方的口碑好坏来进行判断。如果看到您觉得不错的装修案例，又知道设计团队的联系方式，就主动积极地去跟对方取得联系。一般来说对方都会积极、认真地回复您的咨询。

④ 请装修人员进行实地确认、设计和报价

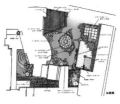

平面图（左）和模型（右）。模型比平面图更易理解，画面感也更强。

讨论书面计划

选定装修人员后，就要请他们进行实地确认、设计，并确定报价。如果是有职业道德的装修人员，都会在认真听取顾客的需求后拟定一份计划书。最近很多团队都会采用CAD模型来进行设计图纸的展示，效果很不错。同时，仅靠设计图纸来判断装修人员也是不可取的，实地确认很有必要。一般来说，报价都是免费的，但是如果要做成图纸（平面图或模型），有些团队也会要求顾客支付设计费用，所以到底是免费还是收取费用，都需要您提前进行了解。通常，拿到两三家公司的报价样本就足够了。

⑤ 签订合同，商量细节

使用了砖块的施工现场（左图）与砖块图片（右图）。在确定砖块颜色时最好专门去看看实物的颜色。

对规格和尺寸谨慎地进行二次确认

敲定具体的装修设计计划。如果等装修工程开始后再进行变更或调整，都会造成工期无端延长和费用增加，所以需要谨慎的思考后再做出决定。即便是不断地修改设计模型、一遍遍重新估价，都比工期开始后再后悔好得多。举例来说，砖头的颜色在样本册中很难找到对应的颜色，最好是请装修人员看一看实物。如果不太确定整体的装修氛围，其实可以将这件事交给工作人员来解决。也有一些案例是由于工期过长而需要提前支付定金的，一般是金额是整体费用的30%~50%。

⑥ 施工

施工现场。工期较长的时候，等待完工是一件很焦急的。

彼此信赖与互相商量会让一切都顺利

当施工计划和费用金额达成一致后，下一步就是开工。顾客能在现场是最好不过的了。因为就算是提前拟好了书面的计划，但当真正开工后，关于一些细节的地方就会出现拿不准的情况。当装修人员在施工现场对一些细节存疑时，如果屋主能当机立断给出想要的方向，那么整个装修过程都会很顺利。在这个过程当中，最重要的是屋主的认可。如果装修人员得到屋主的表扬，工作也会更加卖力。一处庭院的完工，并不只需要施工人员单方面的努力，需要双方共同往前推进才行。

⑦ 完工、支付

完工后如果屋主人满意，就可以顺利进入支付环节。

满意度第一

工程结束后，就到了支付的环节。屋主对最后的效果是否满意是最重要的。而顺畅的支付流程，也与这份满意有关。如果有什么不满意或者希望再进行修改的部分，就要在正式完工前找一个合适的场合（如施工现场）提出来。同样，如果有些地方屋主觉得无法接受，就要进行追加装修，其实这种方式比起日后重做，是更有效率的。如果屋主很满意，那么就根据与装修团队签订的付款期限完成支付。整个过程简而言之，即为验收—认可—支付。

杂木的基本养护

在养护杂木的过程中不可或缺的，就是对其进行枝叶修剪、整理树形。对枝叶进行修剪才能帮助杂木更好地生长，也更加美观。

但是，杂木修剪也讲究时间方法正确，方法不当会致使杂木最终无法开花。所以，一定要"对症下药"，找到每种杂木的修剪方法。

此外，也有一些杂木的枝干只要发现就可以随时剪掉，这些枝干称为"无用枝"。

无用枝的主要种类

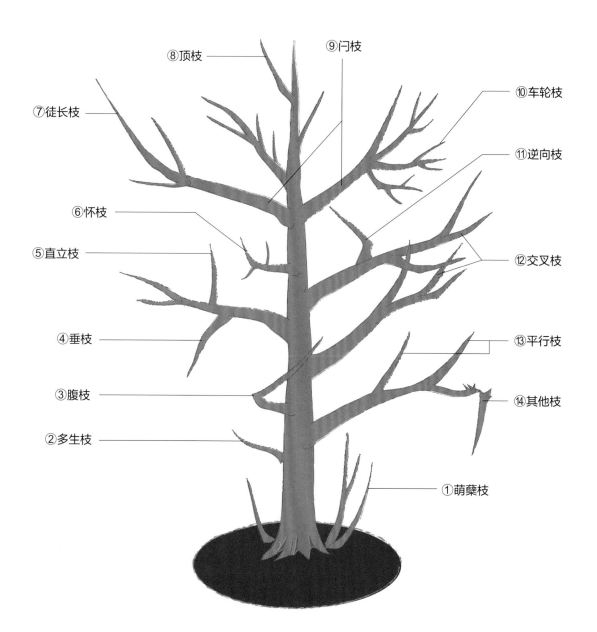

⑧顶枝
⑨闪枝
⑦徒长枝
⑩车轮枝
⑪逆向枝
⑥怀枝
⑤直立枝
⑫交叉枝
④垂枝
⑬平行枝
③腹枝
⑭其他枝
②多生枝
①萌蘖枝

① 萌蘗枝

树根或地下生长出来的枝干，会夺取主杆的养分和水分，从而致使主杆死亡。

② 多生枝

从树干中间长出的树枝，也叫作旁生枝。多生枝会削弱树的长势，但是如果其位置适宜，也可不进行修剪。

③ 腹枝

形状弯曲并与主杆相交，看起来像割开主杆的刀片一般。

④ 垂枝

生长方向朝下的树枝。

⑤ 直立枝

生长方向笔直向上，会影响树木的形状，也会影响杂木开花。

⑥ 怀枝

从树冠内部长出的小枝丫。怀枝生长过多便是其成为无用枝的原因。

⑦ 徒长枝

相较于其他枝干，徒长枝的生长更为凶猛。同样，会影响树木的形状，导致杂木无法开花。徒长枝也被称为飞枝。

⑧ 顶枝

从主杆上部向上生长的枝干。如果放任其生长，看起来就像是有两棵树一样，从而影响树木的形状。

⑨ 闩枝

跟主杆的在同一高度处、朝着反方向生长的树枝。考虑到整体的协调性，就要对其进行修剪。

⑩ 车轮枝

会从一处地方长出多个分枝的树枝。可以将其中一些位置较好的分枝保留。

⑪ 逆向枝

朝着反方向生长的树枝。

⑫ 交叉枝

与其他分支重叠的树枝。除了视觉上看起来很拥挤之外，重叠的部分还会被刮擦和损坏。

⑬ 平行枝

也称为重叠枝，一般是指长度与粗细相当的两支树枝朝着同一方向生长。只需留下其中一支即可。

⑭ 其他枝

指虫害枝、枯枝、断枝。

杂木修剪的时期

树木枝叶的修剪主要有三个较为合适的时间段。每年的3月上旬到4月上旬间，嫩芽还未长出，严寒也已经过去，所以这时进行枝干修剪不会导致树木受到伤害。这也是灌木矮墙最好的移植时期。

5月中旬到6月下旬这段时间，新芽已经长得结实，所以这时候进行修剪也不会损伤树木。此外，修剪过后后续会有更多新芽长出。对于开花的树木来说，在花期结束后立刻进行修剪，下一波花蕾的数量也会更多。

9月中旬到10月上旬这段时间也不容易对树木造成伤害，因为冬天还未到来。作为一年中的收尾，此时就可以对徒长枝等进行修剪了。

每年的4月中旬到5月上旬，是许多杂木发芽生长并慢慢长得更加坚固的时期，这时如果进行修剪，会对树木造成很大的伤害，所以一定要注意避开这段时间。

另外，像落叶阔叶树、常绿阔叶树、常绿针叶树等，树的种类不同，适宜修剪的时间也不一样。首先，就落叶阔叶树来说，适宜在落叶期结束后的11月到次年3月进行修剪，这段时间刚好是它们的休眠期。但是，不同种类的树木休眠期也不一样，例如樱花树和槭树就一定要在当年之内修剪完毕，总之都要根据树木的种类来判断。

如果在冬季修剪常绿阔叶树，会对其造成很大的伤害，其最适宜的修剪时间为每年的5月中旬到6月下旬。

常绿针叶树不管是在冬季还是跟常绿阔叶树在同一时期进行修剪都可以，不过还是要根据具体的树木种类进行判断。

植物病害及虫害应对方法

如果平时对树木的打理到位，一般是不用担心植物病害及虫害的。此外，如果经常打理的话，一般都会在早期就觉察到树木的变化并采取对应的措施，通过使用药剂，也能将伤害降到最低。

如果植物的病害和虫害比较严重，在使用药剂时，一定要仔细阅读说明书，按照说明正确操作。

主要植物病害、虫害及应对方法

	害虫名称	易害树种	症状	主要应对方法与药剂
害虫	扬羽蝶	花椒、柑橘类	幼虫蚕食树叶。	如果发现害虫要及时杀虫
	蚜虫类	几乎所有树	吸食植物芽、茎、叶、果实等的汁液。不仅会让叶子和果实变形，而且其排泄物也会让植物患上烟炭病。	一般在植物新芽上容易出下蚜虫，所以要在发芽前多次喷洒杀虫剂或杀螟硫磷。
	美洲白蛾	几乎所有落叶阔叶树	幼虫易在花、叶上吐丝，并集体啃食树叶。	凡是其幼虫生长的枝叶都要剪去并焚烧，并在其幼虫繁殖期喷洒杀虫剂或杀螟硫磷。
	刺蛾	野茉莉、玉铃花、樱花、柿子树、梨树、苹果树等	幼虫蚕食树叶。	发现幼虫后立即杀虫。被叮咬后会发痛，所以要使用钳子等工具。
	咖啡透翅天蛾	栀子等	幼虫蚕食树叶。	发现幼虫后立即杀虫。注意树叶背面也要进行杀虫。
	天幕毛虫	松树类、雪松、樱花等	其幼虫主要蚕食针叶树的树叶。	在春季其大批量繁殖时进行统一灭杀。因其在秋季会在卵壳内过冬，所以春季时要连同其卵壳一起焚烧灭虫。
	介壳虫	几乎所有树	会大量聚集在树叶、枝干处吸食汁液。其排泄物会使植物患上烟炭病。	要经常修剪树木保证通风。如果介壳虫数量较少，用刷子将其刷下即可；如果数量较多，则需要在冬季喷洒石油乳剂或石灰硫黄合剂等杀虫药。
	臭虫	多数树木	吸食树叶、枝干、果实的汁液，导致树木植物生长不良。	发现后立即杀虫，如果数量过多，要喷洒MPP乳剂。
	天牛	多数树木	其幼虫会啃食并钻入树木内部，继而导致树木枯萎。	发现后立即杀虫，如果找到其洞穴，也要立刻倒入杀虫剂。
	蛀木虫	羽扇槭等多数树木	会潜入生命力不太强盛的树木和老树当中啃食，继而导致树木枯萎。	移植后的树或是老树要在4月时涂上杀虫剂。
	网蝽类	马醉木、垂丝海棠、木瓜、映山红类、杜鹃类、山月桂等。	其吸食过后的叶子会变成白色，随后枯萎掉落。	如果植物叶子变白，要检查叶子背面是否有网蝽，并进行杀虫。数量过多时要喷洒杀螟硫磷。平时要通过修剪枝叶来保证通风和光照，达到预防的效果。
	毛虫	多数树木	蚕食新芽和树叶。	发现后进行杀虫。
	淡缘蝠蛾	槭树类、四照花、覆盆子、胡颓子类	潜入树干或树枝蚕食内部。	将铁丝等插入其洞穴进行杀虫。如果已经进入枝干内部，则要砍掉树枝后完全焚烧。
	金龟子类	樱花树、梅树等	其幼虫会蚕食树根，成虫则会蚕食花朵或叶子。	如发现成虫，要进行杀虫并喷洒杀螟硫磷。如果发现幼虫，则要将磺胺嘧啶颗粒埋入土中。
	粉虱	西番莲、栎叶绣球等	大量粉虱在树叶上吸食汁液时，看起来就像在叶子上洒了一层白粉。	用胶带整个粘下或将整个树枝切下后焚烧。
	黑肩毛萤叶甲	珊瑚树、蝴蝶戏珠花等	其幼虫成虫都会蚕食树叶并打洞。	发现后立即杀虫。要通过修剪来保证树木的通风和采光，从而起到预防的作用。如果其数量过多，采用乙酰甲胺磷水溶剂进行灭杀。

※本页涉及的药品在销售时也可能会有其他名称，详情请到最近的园艺专卖店或园艺中心进行咨询。

病害名		易发树种	症状	主要应对方法与药剂
病害	赤性病	垂丝海棠、木瓜、梨树、西洋梨树等	在6月至8月左右，叶片表面出现带有红色的黄色斑点。	桧属树木会成为中间宿主，所以要避免与其混种。当虫害叶已经被清除，但虫害仍旧十分严重时，要喷洒波尔多液、甲基硫菌灵水溶剂。
	白粉病	小叶青冈、槭树类、转心莲、梅树、四照花、紫薇树、蔷薇、树莓、苹果树等	多发生在春夏季节。叶背出现圆形白粉状小霉斑，后扩大连片，最终导致叶子逐渐枯萎。	通过定时修剪保证通风和采光度。将虫害部分除去后连同落叶一起焚烧，并在冬季喷洒石硫合剂。病害发生时喷洒苯菌灵可湿性粉剂。
	褐斑病	胡枝子、无花果等	叶面出现黑色或褐色的斑点，并逐渐枯萎。	将病患处出去并焚烧。病害严重时喷洒铜氨合剂。
	癌肿病	樱树、枇杷树、松类等	枝干上长出肿瘤，并且越来越大。如病害严重树木会枯死。	将已经生成肿瘤的枝干切除干净，并在切口处涂上愈合剂。病害严重时喷洒铜氨合剂。
	黑霉病	无花果等	叶面上长出黑色、褐色的斑点，最后导致叶子枯萎。	将病患处的嫩芽或叶子去除，病通过定时修剪保证通风。
	黑星病	梅树、杏树、木梨树、苹果树等	树叶或果实上会出现斑点。最终会导致树叶枯萎、果实脱落。	将病患处的树叶和果实除去后焚烧，并通过修剪保持通风和采光。病害严重时喷洒铜氨合剂。
	黑痘病	葡萄类等	叶子上出现褐色斑点，随后开始出现破洞。果实也会变瘪。	病害严重时喷洒铜氨合剂。用含氮、磷、钾及微量元素的全肥，避免单独、过量施用氮肥。
	黑斑病	蔷薇、李树、梨树、西洋梨树等	叶片表面出现褐色斑点，随后变黑，最后果实掉落。	将病患处的叶片除去后焚烧。病害严重时喷洒铜氨合剂。
	肿瘤病	杨梅树、竹等	枝干部分长出小小的肿瘤状物质，每年不断变大。	将长有肿瘤的树枝除去。使用过的剪刀要消毒，防止传染给其他树木。
	斑点病	光叶石楠、蔷薇等	叶子上有许多深褐色的斑点。被感染的叶子一层又一层地脱落。	将病患处除去，并连同落叶一起焚烧。病害严重时喷洒苯菌灵可湿性粉剂。
	根癌病	光叶石楠等	根部长出肿瘤状物质，并逐渐变大。即便是除去肿瘤部分，后续还会再长。	如果发现此病状，要及时放弃该植物，同时也要更换土壤。冬季时喷洒根癌农杆菌、甲冰碘液。
	锈病	龙柏等柏科类、紫藤、竹类、瑞木、胡枝子等	叶片上长出大量黄色、褐色的斑点，最终整个叶子都会变色枯萎。一旦蔷薇科树木感染锈病，也会引发赤星病。	因为会影响到其他树木，所以发现此病就要将发病树除去。病害严重时喷洒铜氨合剂、甲冰碘液。
	缩叶病	梅树、桃树等	叶片上出现黄色或鲜红的斑点，叶子也会增厚变脆。随后叶片上会长出银白色粉状物，最后导致叶片变形。	保证通风、采光来进行预防。除去患病叶片，病害严重时喷洒铜氨合剂。
	白绢病	瑞香等	通常发生在苗木的根茎部或茎基部。感病根茎部皮层逐渐变成褐色坏死。	将患病树木焚烧。当霉菌已经蔓延至地面时，要翻土并将地面部分的土壤埋入地下深处。
	白纹羽病	瑞香、草珊瑚、枇杷等	在根尖形成白色菌丝。菌丝穿过皮层，侵入形成层，深入木质部导致全根腐烂，病树叶片发黄，早期脱落，以后渐渐枯死。	将枯死的根部进行焚烧。病害严重时使用磺胺嘧啶颗粒、恶毒零。
	烟炭病	细叶冬青、木斛、珊瑚树、月桂、四照花等	叶片、枝干处被煤烟状的霉菌所覆盖，看起来像是被弄脏了一样。植物的光合作用从而受到影响，最终枯死。	驱除霉菌的源头——蚜虫等害虫，并除去生病的枝叶。通过定期修剪来保证通风和采光。
	穿孔病	桃树等	叶片上长出斑点从而形成穿孔。	发现生病的叶片后及时除去。
	炭疽病	梅树、绣球花、常春藤类、油橄榄、刺叶桂花等	叶片和枝干上出现大面积的黑褐色斑点，结出果实后也会腐蚀掉落。	将长有斑点的部分除去并焚烧。病害严重时喷洒铜氨合剂。

杂木庭院专用语解释

在杂木庭院的用语当中，一些词有着其特殊的含义。尤其在日式庭院的相关用语中，许多说法更是难以理解。这里尽可能地用简单易懂的说法将杂木庭院的专业用语表达出来，确保第一次接触到这些知识的读者也能理解。

FRP 纤维增强复合材料。是由纤维材料与基体材料（树脂）按一定的比例混合后形成的高性能型材料。多用于木制住宅的露台、屋顶庭院的防水材料。同时，除了用作成品的水池、人造石、人造木等建筑材料，在门、邮筒等设计中也十分常见。

LED 发光二极管（Light Emitting Diode）的简称，是一种通过电子与空穴复合释放能量发光的半导体。LED不像普通的照明设施一样需要电灯，其自身就能发光。其特点就是节能、耐用、不发烫、无水银、不招虫等。

R 曲线。在庭院设计中直接叫作R。同时在户外景观设计中也有"设计出R"、"使用R"的专业说法。

RC 混凝土支撑结构。使用混凝土、钢筋加固支撑结构体系。其在持久、耐热、抗震、经济等性能方面都很优秀。

安山岩 属于火山石的一种，十分坚固。多用作庭院石。

白川砂石 白色、圆形的大砂石。

白色花岗岩 白色系的花岗岩，材质细密。

斑纹 指叶片、花朵、根茎处长的斑，是一种异常现象。

斑岩 斑岩是一种具有斑状结构的中性、酸性或碱性的火成岩。

半封闭式 户外景观设计的一种手法。是指虽然在房屋周围建造了矮墙，但并非完全遮挡，而是可以隐约看到建筑内的部分空间，这种设计不会给人过多的闭塞感。

半阴 一天当中有半天的时间照不到太阳。

包杆 为了确保不让移植的树木枯萎，用稻草、秆、绿化纸带等将树包裹起来的保护方法。

包根 在将植物连根移植时，为了不让根部周围的培土散落，会用稻草、绳子、麻布等包裹，起到保护的作用，包

裹材料最后都会一同腐化在土壤中。

壁泉 指安装在墙壁上的水龙头。

标志树 可以象征一个家庭的树木。也称"中心树"。

步道 从入口处通往玄关处的小路。

彩叶植物 树叶颜色多彩的植物。也可直接叫作彩叶。

草本植物 指在植物当中，露出地面的部分比较柔弱的一类事物，是木质草本植物的总称。

草目地 指种植植物的地方。在本书中是指在混凝土间填上土，作为比较低矮的地被植物的种植地。草目地也会是弱化混凝土结构的很好装饰。

侧枝 与主枝相对，侧枝是指侧面的枝丫。

茶庭 茶室所带的庭院。

掺土 是指当原本的土壤不太适合生长时，换上的更适合植物生长的土。

常绿树 一年四季不会枯死的树木。常年保持绿叶状态。

长屋门 将长屋和门结合起来的门种类。

场石英（Quartz site） 产自巴西的石英石。是一种颜色明亮的天然石，主要有粉色、白色、黄色等。

车棚 带有屋顶的车库。有一些也会去掉屋顶。

厨房花园 种有蔬菜、香草、果树等可食用植物的庭院。也可以称为家庭菜园。

础石 在建筑术语中指地基。

船舶灯 在船只中使用的灯。其灯光可以扩散至很远。也叫作航海灯。

春日灯笼 灯笼的一种。以日本奈良市春日野町的春日神社中使用的石灯笼为代表。

蹴上 指一阶台阶的高度。室外每层台阶的标准高度为150~200mm。

存活状态 植物带根时的状态。一般说"存活状态较好"或是"存活状态不佳"。

错落石组 是一种将天然石材进行组合的方式，会把上部分的石头交叉设计在底下石头的后方。

大割石 用切割机将天然石材质的大板石切割后的石头。

大谷石 庭院石材的一种。产自日本栃木县宇都宫市大谷的石头。因其材质比较软，所以容易加工，也被经常用在门柱、石砌当中。

大磯沙石 沙石的一种。产自日本神奈川县大磯海岸黑色沙石。

大津竹篱笆 用条状的竹子在横向的架柱上进行前后编织而成的竹篱笆。

丹波石 产于日本京都府龟冈市的庭院石，有丹波鞍马石、丹波铁平石、丹波卵石三个种类。

单株 仅有一处植株的植物，也称单枝。

挡土壁 为了防止土堆坍塌的斜面，或者防止山崖处土质疏松坍塌而设立的垂直构造物体。

挡土墙 防止土壤崩塌的栅栏设施。采用根堆土一样的方式，多利用护墙、石堆、板（木制或铜制）、预制板等材料。

低保养 指几乎不需要费心打理或修整。

低甲板 高度较低的甲板。

低木 树高在0.3~1.5m左右的树木，多以灌木为主。

低养护 指几乎不需要打理。

地被植物 覆盖地表的植物。树下草也是其中一种。也叫作Ground cover。

点缀物 将庭院中的景致引出的重要物品。

垫木 指铺设在铁轨下的一种木材。也常用作户外景观设计中。

垫土 为了盖房铺路，将其他地方的土搬运过来后填入凹凸不平或地势低洼的地方，从而起到平整地面、抬高地基的作用。

吊花篮 一种将植物固定在墙壁或是吊起来的容器。

定植 从秧池移植出来，使其正式生长。

蹲踞 日式茶室中常见的一种景观小品，用于茶道等正式仪式前洗手用的道具。

多年草 多年生草本植物。在不开花的期间或是冬季时节也能保持常绿的一种植物。

法面 指在原先堆砌好的土方等处取土后的倾斜面。

方形尖顶石柱 呈塔状的石柱。多用于引用藤蔓类植物。

方形贴 一种石铺的方法。指将加工呈四边形或者长方形的石头进行拼贴。

防草布 一种为了防止长出杂草，铺在底层的防止根部生长的布。

仿木 与天然的木材很相似，但其材质为水泥的仿制木材。

仿石 与天然的石头很相似，但是材质为水泥。有一些仿石也会做出天然石头的颗粒感。

飞石 分散设施在步道中的石头，属于铺路石的一种。

风止 指一种用竹子、圆木头、钢丝、金属等作为支柱，保护树木不受大风摧毁的方法。

封闭式 户外景观设计的一种手法。整个房屋在门、高墙的包围下，能够很好地保证屋主人的隐私。

服务院 指用来做家务的空间，一般是在通向厨房的入口处。可以在这里晒衣服、添加储物间。也称侧院。

浮栽 在确定最终的种植场所之前，先找一些地方临时种植的植物。也叫临时栽植。

高木 树高在3m以上的树。

根系草 在根株旁插进的花草，作用是强调主植物。

功能石 在户外，保证茶会圆满进行起到一定作用的石头。以蹲踞为代表，蜡烛石、汤桶石、前石等都属于功能石。

拱门 用金属或木头制成的弓形物体。多用作蔷薇、藤蔓类植物的支撑载体。

勾玉 日本古代的一种巫术装饰道具，是一种弯曲成钩子状的玉石。

灌木 比较低矮的树木。

龟甲石组 将石组的面加工呈六角形（龟甲的形状），再进行组合堆砌。

桂离宫 位于日本京都市右京区的世界著名园林。

和瓦 一种日本瓦，用黏土烧制。有素烧，也有在表面添加釉药后进行煅烧的。

黑花岗岩 黑色系的花岗岩。主要产自中国。

后庭 在房屋后方建造地庭院，也称后院。

户外景观（Exterior） 直译是指建筑物的外部、外观。在日本，户外景观和建筑专业用语中的外部构造同义。是一座建筑所有的附带物、景观设计、外部构造、庭院建造等的总称。也指将庭院打造成更美的一种手法。

户外生活间 将住宅起居室或是厨房前方的空间当作庭院的一部分，将该空间打造成一处可以欣赏住宅外部自然环境的去处，例如木平台、露台。

护墙板 安装在墙壁最方与地板相连接的部分。

花岗岩 以石英、长石、云母为主要成分的火成岩，在日本大量生产。一般以"御影石"为人们所知。

花芽 尚未充分发育和伸长的枝条或花，实际上是枝条或花的雏形。

花园房 指在起居室前设置的放键，与阳光房相同。

环形花坛 圆形的花坛。

环形列石 用石头铺就而成的圆形装饰。一般采用天然石头或人工石。多用作露台或者花坛。

灰浆 在水泥中混入砂石并加水硬化之后的物质。

混凝土 在水泥中添加沙石等材料，并与水混合后硬化而成的人造石材。

混凝土铺面 在地基上直接用水泥混凝土硬化而成的地面。除了在住宅中使用以外，也经常用于立体停车场的路面和加油站的铺修，是一种很耐用的铺路方式。虽然从广义上来说也属于混凝土的一种，但实际上也属于沥青。

混凝土压模 是一种想要在混凝土的地面铺砖或贴瓷砖时采用的技法。就像盖图章一样，将模型推到地面或是墙面的混凝土上，采用定型的方法，也无需将混凝土撤掉。这一方法所需素材要比直接采用真的砖头、瓷砖便宜，同时也被称为"特色混凝土"或"模板混凝土"。

混凝土制垫木 与原本的垫木十分相似，不过材质是混凝土。

机能门柱 指设置在邮筒、照明、对讲电话、门牌等处的门柱。

甲州鞍马岩 产自日本山梨县的铁褐色岩石。因与鞍马岩十分相似，也被称为新鞍马岩。

简约都市风 户外景观设计的一种，是很具代表性的现代设计风格。多采用玻璃、金属、加固塑料等无机材质，打造出轻快且实用的户外景观。

焦点 注视点。在物理学上指平行光线经透镜折射或曲面镜反射后的会聚点。在雕刻、插花、工程设计中用到。

接缝 铺路石、砖块、瓷砖等铺好后的缝隙。

结界 佛教用语。为僧侣修行而规定的衣食住的限制，用佛法保护的一定地区。一般指寺院中的指定区域。也指将寺院的内阵与正堂间的界限。

景石 指庭院石。一般会将比较大的一两块石头放在庭院的重要场所。

开放式 户外景观设计的一种手法。以植物为主角进行规划，采用面向道路的开放式户外景观设计风格。

枯山水 不使用任何水元素，仅靠石头、沙石等来表现出风景和水流的一种庭院设计方法。

阔叶树 树叶大且平的树。

垃圾口 与地面直接相连，清扫垃圾的小孔。

蜡台石 蹲踞的一种功能石。一般放置在手水钵左右的任意一侧，其上方比较平，用于放置在夜里照明用的蜡台。

里山 一些地区的居民根据当地的气候和风土人情而精心建成的景观。

立方石 将天然石切割成的大约9cm左右的立方体。是一种小型的铺路石。

立面图 从水平方向看过去的图。

立水栓 呈柱状的水龙头。

立株 从植物根部开始长出3根以上茎或者干的姿态。

亮灯 为了让建筑物的轮廓在夜间凸显出来，在建筑物等中间增添照明设施，营造光源。

列植 将树木呈队列式种植。

六方石 庭院石的一种。原本就呈六角形的株状石头。

龙背石组 在古代中国，如果可以跨过龙的脊背就意味着大吉。龙背石组就是以此为意进行的设计。

路缘石 设在路面与其他构造物之间的标石总称，多为水泥材质。

卵石 出现在的海岸或是河床圆形石头，直径一般在20~30cm左右。多用于石砌或是拼接铺路。其中相州卵石、甲州卵石、多摩川卵石等比较有名。

乱石堆 将形态各异的天然石头堆砌呈不规则的形状。

乱形石 将天然石材进行随意切割后的加工石材。

罗照水钵 枝洋一设计的水钵。

落地窗 与地面连接在一起的窗户。

落叶树 为过冬，秋季时树叶掉落，来年重新发芽生长的树种。

绿篱 将灌木成排成列种植后长成的矮墙。

木曾石 产自日本岐阜县惠那郡的黑云母花岗岩。表面凹凸不平，经常作为日本的杏脱石、拼接石、石砌的材料使用。

木道 指为了跨过潮湿地区而用木板铺设的小路。

木平台 木制连廊（台阶）。一般设计在起居室外，形状向外延展。

木树脂 将树脂、粉混合后制成的成型木材。

木围栏 木制的栅栏（墙）。

幕板 横向的长板。

耐高温砖 具有耐火性的砖，采用耐火性黏土等耐火材料制成。一般用作烧烤炉或烟囱。

鸟海石 产于日本山形县鸟海山一带的山石。

配植 指将花草树木按照比例平衡进行播种。

喷涂 在涂壁表面施工的手法。指用喷枪将涂料喷射而出。有喷涂瓷砖、彩色砂浆喷涂、水泥喷涂等多种类型。

平板 用木头、石头、混凝土等做成的扁平板状物。

平面图 从上方俯视的图。

平整地基 将地面弄平整。

铺路石 为了更易行走，在庭院小路中铺设的石头。飞石也是铺路石的一种。

匍匐性 指沿着地面生长的性质。

起居式庭院 在扩展居室的基础上建造的庭院。与户外起居室同义。例如木平台或露台。

千本格子 指纵向的细格子。

前石 蹲踞的一种，功能是放置在手水钵的最前方，供客人在这里洗手。

前庭 朝向建筑物正面的庭院。也叫作前院、正庭。

桥石 做成桥状的石材。为了方便起见做成了桥的形状，也起到连接空间的作用。

切割石 根据用途的不同将石头切割呈不同的形状。

犬走道 指沿着建筑物外围，为防止雨水倒灌。在屋檐下用混凝土、砖头、沙石等铺成的道路，因宽窄仅供小狗通过而得名。

群落生境 在适当的环境下，动植物的生存空间。

人工木 将树脂、木粉等混合后做成的成型木材。

日光房 起居室前的房屋。

森林铺路石 一种产自印度拉加斯坦的硬质砂岩。

砂岩 堆积岩的一种。是指火山砂石等堆积、凝固而成的岩石。

山野草 生长在山野当中的天然草本植物。

烧烤炉 为了在户外烧烤而搭造的炉子。一般多用耐高温的砖块垒制。

射灯 安装在天花板上向下照射的灯。

深修剪 修剪枝干时除去的部分比平时的长度更长。

生存率 在一定时间段后植物生存的概率。

石灯笼 用石头或者金属等做成的照明工具。

石工锤加工 石材或者混凝土的表面加工程序。

石甲板 用石头制成的甲板（露台）。

石铺 铺路石的一种。指将大小一样的石头进行拼贴的技艺。

石砌 天然石或人工石堆砌而成的石墙。

石墙 用石头堆砌而成的围墙。

石桥 石头材质的桥。有天然石，也有切割后的石材。

石庭 以庭院石为主角建造的庭院。

石英岩 堆积岩的一种，是成分中含石英较多的石头的总称。

手水钵 用于盛放洗手水的容器。也叫作水钵。

兽头瓦 和式建筑的屋脊两端装饰用的板状瓦。用于消除厄运、驱除魔兽。

书院式手水钵 属于手水钵的一种。主要用于书院式庭院当中。

疏林 指稀疏地生长地树木。

树下草 作为树木、石灯笼、庭院石的补充，种植在树木根部的草本类植物。除了草本类植物外，一些矮木、竹类、蕨类植物也常被当作树下草。

数寄屋门 门的一种形式。用建造数寄屋（用建造茶室的方法修建的茶室风建筑）的方式制作的门。

水钵 手水钵的别称，此外，在种树时为了保证树根处水分充足而留出的空间也称为水钵。

水盘 底部平且浅的插花容器，多为陶制或者金属制。

水琴窟 通常设立在手水钵旁或蹲踞旁，结构包括一个倒转的密封壶，流水通过壶上部的一个洞口流入壶内的小水池，从而在壶内产生悦耳的击水声音。

私密庭院 隔绝周围一切视线，充分保护主人隐私的庭院。

碎拼 一种石铺的手法。根据石头大小不一的形状进行自然拼贴。

碎石 将原本的天然石材通过碎石机等人为变成小石头，用作铺路和混凝土材料。

踏面 楼梯上可直接用脚踩踏的平面。

炭化木 炭化之后的木材。

汤桶石 蹲踞的一种功能石。放置在手水钵的左右任意一处，表面平滑。当冬季茶会开始时用来放置盛放热水的木桶。

藤架 西式的藤萝架。

天然庭院 用植物或是其他自然素材打造的庭院。

铁木 如铁一般坚硬的木材。

铁锈花岗岩 花岗岩的一种。浅茶色的斑点与铁锈很详细，所以称为铁锈花岗岩。多用于和式庭院中的铺路石。

庭院石 自然石当中适用于庭院的石头，一般用作庭院的装饰素材之一。如果不论产地，主要分为山石、泽石、川石、海石。

庭院洗涤盆 用于室外的洗涤台。

透视图 为了让人能更直观地了解建筑空间的状态所绘制的立体图。

涂壁 围墙的一种。用抹子在水泥墙上抹完涂料后的一种设计。

涂抹胶 一种涂在嫁接口的黏合剂，用于防止树木受潮。也叫黏合蜡。

土壤 泥土所拥有的性质。

托梁 支地板的横棱木。

屋顶绿化 在建筑物的屋顶上通过种植花草树木进行绿化。这种屋顶绿化也会起到隔热、提升周围环境的效果。

无障碍设施 针对残疾人、老年人或者依靠轮椅代步的人的无障碍通行设计。

五行盛水盆 枝洋一将根据阴阳五行设计，具有一定风水含义的盛水盆。

五郎太石 花岗岩的川石做成，直径约为10~15cm的圆滑卵石。也写成"五吕太"。常被用于延段路的铺设和路缘石的材料。其中伊势与筑波的五郎太石十分有名。

吸睛物（Eye stop） 指设计在住宅的

正面，用于吸引人们视线的物体。比如标志树、门柱等。

洗出 对人造石的墙壁或地板进行经加工的一道工艺。是指在水泥、混凝土等还未完全固定时，在其表面用水进行冲洗，使其中的掺料（沙子、碎石、石头等）显露出来的一种方法。

下枝 生长在树木下方的枝干。

小端层叠 将板状石头的小口（横截面）小端（比较长的方向的窄口）显露出来的层叠方法。

新丹波 丹波石风格的铁平石。

修根 为移栽或使果树高产，将其比较粗壮的根保留后，重新埋入土中。

修剪 为了让新芽长出，对植物的枝叶进行修整。

宿根草 指花草、杂草、香草等植物在露出地面的部分处于休眠期时会枯萎，而其地面下的根部在每年的生长期时又会重新发芽。也叫作多年草。

雪见灯笼 石灯笼的一种。这种石灯笼高度较低，常见类型是圆筒状，也有四角形、六角形、八角形。

延段 石头铺就的庭院小路。

延石 将路缘石等排成一长列后的石头的别称。

岩石庭院 将高山植物或者苔藓垒植物种植在石组中的观赏性庭院。也称"石庭"。

阳树 喜阳的树。

沓脱石 日本房屋建筑中，在入户门口放置的高度相当的石头，以供人们在不穿鞋时踩在上面。

一年草 是指从播种后，发芽、生长、开花、结果、枯萎这样一过程都在一年内完成的植物。

伊势沙石 沙石的一种，是将日本三重县菰野区的花岗岩研磨后的沙石。

伊势石 小型石头的一种。产于日本三

重县菰野区的一种花岗岩。

移植 将植物挖出后移种到其他地方。

阴树 背阴处也能很好成长的树种。

引水筒 竹制或木制的空心输送水的设备，最终会将水流运送道手水钵。

英虞湾石 英虞湾位于日本三重县，以盛产珍珠而有名，英虞湾石就是产在周边地区的一种砂岩。

樱花岗岩 粉色的花岗岩，主要产自中国。

涌水 指从地底自然喷射而出的水。

御影平板 用御影石做成的平板。

御影石 庭院石的一种，产自日本兵库县六甲山附近的淡红色花岗岩。

园路 庭院与庭院之间的小路。

原野堆积 将天然石不加修饰地直接堆积。

杂木 自然生长在山野中的天然木。

杂木庭院 以自然生长在山野中的天然木为主角设计的庭院。

窄廊 木板窗外的窄走廊。一般设计在和式的垃圾口外。

粘板岩 将泥土通过外界施压后进行固定，最后成为材质细腻的薄板状，这种岩石易于切割。

遮篷 可调节式遮阳篷。分为手动式和电动式。一般安装在接受太阳光强烈窗户或是朝向木平台的窗户上。遮篷在欧洲极为常见，已经是户外庭院生活的重要设施。因其安装时需要对房屋外墙进行加固，所以要格外注意这一点。

遮罩 防止日晒的东西。

遮罩花园 处于阴影处的庭院。

针叶树 指树叶常绿，且呈针状或者鳞片状的树木。

整枝 根据不同目的对树木的枝丫进行修整。

支架 园艺术语，指像拐杖一样起到支

撑作用的支持物。

植栽 即种植草木。有时也把种植草目的地方叫作植栽。

主庭 整块土地的中心庭院。

坪庭 指三面或者四面都被建筑物或是回廊环绕的庭院空间。

中庭 周围用建筑物、屏障或是围墙围起来的狭小空间。

竹帘篱笆 竹篱笆的一种。将竹编完全撑开，呈现出帘子状的篱笆。

竹墙 以竹子为主要材料做成的围墙。

主立面 建筑物的正面。

主木 在庭院的整体景观中位于中心位置的树木，也叫中心木。

主石 庭院中全部的装饰石组及铺路石的石组中，处于中心位置的石头。

主庭 位于整个土地中心的庭院，也叫作主花园、中庭。

铸件门 具有装饰性的金属类门。

铸铁 锻造后的铁。通过高温加热后，就能对铁进行弯曲、延展等形状的设计。

筑波石 庭院石的一种。产于茨城县筑波山的一种深成花岗岩。

筑山 用堆土制成的小山，放置在庭院当中。

装饰沙石 属于沙石的一种，在物体表面上色、涂料、研磨、切割时所用到的材料。

自然树形 不通过修剪或者后天引导，指树木原本的形状。

棕榈绳 由棕榈编织而成的绳子。主要用于竹篱笆打结时。现在所使用的棕榈绳，很少采用棕榈进行编制，大部分都是用椰子来做原材料。

组合石 不是使用单个的石头，而是将石材进行组合，通过更富造型感、更加有艺术感的形式来表现。也叫"组合岩"。

作庭 即建造庭院，与造园同义。

图书在版编目（CIP）数据

杂木庭院百科 / 日本靓丽社编；高昕译. —北京：中国
轻工业出版社，2020.10
　　ISBN 978-7-5184-3101-4

　　Ⅰ.①杂… Ⅱ.①日… ②高… Ⅲ.①庭院－园林设计
Ⅳ.① TU986.2

中国版本图书馆 CIP 数据核字（2020）第 136720 号

责任编辑：杨 迪 卢 晶　责任终审：劳国强　整体设计：锋尚设计
策划编辑：杨 迪　　　　　责任校对：朱燕春　责任监印：张京华

出版发行：中国轻工业出版社（北京东长安街6号，邮编：100740）
印　　刷：北京博海升彩色印刷有限公司
经　　销：各地新华书店
版　　次：2020年10月第1版第1次印刷
开　　本：787×1092　1/16　印张：10
字　　数：200 千字
书　　号：ISBN 978-7-5184-3101-4　定价：68.00元
邮购电话：010-65241695
发行电话：010-85119835　传真：85113293
网　　址：http://www.chlip.com.cn
Email：club@chlip.com.cn
如发现图书残缺请与我社邮购联系调换
200104S5X101ZYW